決定版

四季の散歩が楽しくなる

雑草・山野草 呼び名事典

写真・文

亀田龍吉

JN013812

世界文化社

はじめに

　これまでに「呼び名事典」シリーズとして野草関係では、『雑草の呼び名事典』『雑草の呼び名事典・散歩編』『山野草の呼び名事典』の３冊を出させていただき、それぞれご好評をいただいてきました。

　これら３巻はどれも草花を白バック写真でその形を分かりやすく表示するとともに、生態写真や花や果実のアップで自然状態の様子も知っていただきながら、名前の由来等の基本情報を紹介するという形をとってきました。したがって、１種類ずつ大きめに扱っているため、これまでのサイズでは種数に限りがありました。

　そこで３冊を１冊にまとめたものが、今回の決定版です。植物は種類が多いので、これでもまだまだ載せきれませんが、庭先や散歩道から、ハイキングや旅行で出会う可能性のある田畑や山野の草花まで、だいぶカバーできているはずです。お出かけの時、持ち歩いて頂いて見かけた草花と比べてみてもいいですし、お家でお好きなページからめくって読んで頂いても構いません。

　この本が貴方と足元の草花の新たな出会いのお役に立てれば幸いです。

決定版 雑草・山野草の呼び名事典 もくじ

春の草花

夏の草花

秋の草花

花の色
●：黄色系　●：赤〜オレンジ色系　●：ピンク〜赤〜紫色系
●：青〜紫色系　○：白色系　：黄緑〜緑色系　：褐色〜緑色系

アートディレクション　新井デザイン事務所（新井達久）
DTP　株式会社明昌堂
校正　株式会社円水社

フクジュソウ
福寿草

トウダイグサ
燈台草

ワサビ
山葵

ツルカノコソウ
蔓鹿の子草

キランソウ
金瘡小草

スズメノエンドウ
雀の豌豆

ハルジオン
春紫菀

ハナニラ
花韮

セイヨウカラシナ
西洋芥子菜

ネコノメソウ
猫の目草

リュウキンカ
立金花

ウマゴヤシ
馬肥し

ショカツサイ
諸葛菜

シロツメクサ
白詰草

キクザキイチゲ
菊咲一華

クワガタソウ
鍬形草

ツメクサ
爪草

ヘビイチゴ
蛇苺

カタクリ
片栗

ミヤコグサ
都草

フキ
蕗

マムシグサ
蝮草

セントウソウ
仙洞草

シロバナマンテマ
白花マンテマ

スズメノテッポウ
雀の鉄砲

カタバミ
片喰み

アメリカフウロ
亜米利加風露

オオイヌノフグリ
大犬の陰嚢

オオジシバリ
大地縛り

ハシリドコロ
走野老

ミミナグサ
耳菜草

ノボロギク
野襤褸菊

イモカタバミ
芋片喰み

ウラシマソウ
浦島草

ナズナ
撫菜

カラスノエンドウ
烏の豌豆

フッキソウ
富貴草

キツネアザミ
狐薊

ヒメオドリコソウ
姫踊子草

トキワハゼ
常盤爆

オランダガラシ
和蘭芥子

タネツケバナ
種漬花

ジシバリ
地縛り

エンレイソウ
延齢草

ニガナ
苦菜

ノゲシ
野芥子

ワスレナグサ
勿忘草

スズラン
鈴蘭

レンゲソウ
蓮華草

ウマノアシガタ
馬の足形

アマドコロ
甘野老

ナヨクサフジ
弱草藤

ミツバツチグリ
三葉土栗

フデリンドウ
筆竜胆

ヤマエンゴサク
山延胡索

コオニタビラコ
小鬼田平子

ハコベ
繁縷

サクラソウ
桜草

クサノオウ
草の黄

セイヨウタンポポ
西洋蒲公英

イカリソウ
錨草

ヤマブキソウ
山吹草

ホトケノザ
仏の座

ハハコグサ
母子草

ムラサキケマン
紫華鬘

キツネノボタン
狐の牡丹

ノウルシ
野漆

ジュウニヒトエ
十二単

チゴユリ
稚児百合

タチツボスミレ
立坪菫

カキドオシ
垣通し

ヒメウズ
姫烏頭

ニリンソウ
二輪草

春の草花

フクジュソウ
福寿草

別名：ガンジツソウ

Adonis amurensis

キンポウゲ科　多年草

分布：北海道、本州、四国、九州

生育地：林床や林縁

草丈：10〜30cm

山地の林内に多く生育する。新春を祝う花として観賞用に広く栽培されている。

　初春に咲き始める縁起ものとして、お正月用に寄せ植えが売られますが、山地の林床や林縁に自生するものは、ふつう3〜4月頃に開花します。その直径4〜5cmの黄色い花はキクの花のようですが、キク科ではなくキンポウゲ科です。パラボラアンテナのような形の花は、まだ寒い時期に花の中心に光を集め温度を上げることによって虫を誘って受粉させるという説もあります。全草に強い毒があります。

名前の由来　旧暦の正月に咲いたことにより、おめでたい名前（福寿）とした。

雪解け後、芽生えると同時に開花する。スプリングエフェメラル（→ p.14）のひとつ。

花はまるでパラボラアンテナ。

ハナニラ
花韮

別名：セイヨウアマナ

Ipheion uniflorum

ユリ科　多年草

分布：本州、四国、九州

生育地：庭、道端

草丈：10〜20cm

とても強健な球根植物。早春に咲く星形の花が可愛い。

　白くて可愛い花と、葉のニラ臭がなんともアンバランスな感のあるハナニラですが、考えてみればニラの花も純白でとても清楚な花です。ハナニラは明治時代に園芸植物として渡来しその旺盛な繁殖力で野生化して、今では各地で見ることができます。花びらの中央線や縁が青紫がかるものもあって、ウィズリーブルーという園芸品種などは見事な青紫色をしています。

名前の由来
葉が韮（にら）と同じようににくさいこと、また、花が韮より大きくきれいなことから、花の韮、ハナニラとなった。

白が基本だが青紫を帯びることも。

花期は4〜5月。

13

カタクリ
片栗

別名：カタコ
Erythronium japonicum

ユリ科　多年草
分布：日本全土
生育地：林床
草丈：10〜30cm

　早春、木々の芽吹く前に真っ先に枯れ葉や残雪の間から頭をもたげて可憐な花を咲かせる植物をスプリングエフェメラルと呼びます。「春の儚い命」の意で、「春の妖精」などとも呼ばれます。カタクリもそのひとつで、雪解け後の落葉樹の林床ですぐに花を咲かせて受粉し、木々の葉が空を覆う前にいち早く葉を広げて光合成し、養分をしっかりと果実と根に蓄えます。夏前に用を済ませた地上部は、翌春まで姿を消します。儚くも逞しい植物です。

花は晴れた日のみ開き、花びら（花被片）は反り返る。

山の北側の斜面に群生することが多く、芽生えてから花をつけるまで7〜8年かかる。

花は5cmほどで花びらは6枚。

名前の
由来
片栗の古名である堅香
子がカタコユリ、そして、カ
タクリと転訛したもの。

キクザキイチゲ
菊咲一華

別名：キクザキイチリンソウ
Anemone altaica
キンポウゲ科　多年草
分布：北海道、本州
生育地：林床
草丈：10 〜 30㎝

カタクリと同様、雑木林の林床などに生えるスプリングエフェメラルのひとつ。

名前の由来　キクに似た花を茎に一輪だけつけることによる。

草丈 10 〜 30㎝のアネモネの仲間。

　積雪地の落葉広葉樹の林床は、雪が解けるとそれまで雪の重みで平たく押しつぶされていた落葉が姿を現します。その落葉の間や時にはそれを突き抜けてキクザキイチゲなどのスプリングエフェメラル（春の妖精）が伸び始めます。その名のとおりキクのような花ですがキンポウゲ科の植物で、小さなアネモネといった感じでしょうか。花色は白から淡紫色で、雪深い地方のものほど清々しく感じられます。

セントウソウ
仙洞草

別名：オウレンダマシ

Chamaele decumbens

セリ科　多年草

分布：北海道、本州、四国、九州

生育地：林床や林縁

草丈：10 ～ 25cm

花の直径は 2 ～ 3mm と小さい。

花も葉もとても繊細な感じ。

名前の由来　春の初め、他の花の先頭に立って咲くことによる。

　春先の林床に小さな白い花を咲かせます。咲き始めの草丈はせいぜい10cm程度の小さな草ですが、近づいてよく見ると花序の形も葉もセリのそれによく似ているのでセリ科であることが分かります。オウレンダマシの別名がありますが、オウレンとは根茎を漢方薬として利用するキンポウゲ科の植物です。この仲間のセリバオウレンあたりに葉の形もよく似ているのでこの名がついたのかもしれません。

オオイヌノフグリ
大犬の陰嚢

別名：星の瞳

Veronica persica

ゴマノハグサ科　越年生1年草

分布：日本全土

生育地：田畑の周辺、道端

草丈：3〜30cm

　野原や畑の陽だまりで、ナズナ（→p.20）やハコベ（→p.59）の仲間とともに、まず最初に春の訪れを告げる花の一つです。それにしても、この可愛らしい植物にまたなんという名前をつけたことでしょう（名前の由来参照）。地を這うように群生して、いっせいに明るい真っ青な花をつける様は、まるで星をちりばめたようです。

　正式な名前ではありませんが、「星の瞳」というきれいな名前で呼ばれている地方もあるようです。

名前の由来
実の形が犬のふぐり（陰嚢）と似ていること、また、在来種のイヌノフグリより大きいことから大犬の陰嚢（オオイヌノフグリ）となった。

2個の球形の果実がつく。

花期は2〜5月。

日当たりのよい空き地に群生して咲く。

冬は地表に葉を広げ越冬する。

19

ナズナ
撫菜

別名：ペンペングサ、ビンボウグサ
Capsella bursa-pastoris
アブラナ科　越年生1年草
分布：日本全土
生育地：田畑の周辺、道端
草丈：10〜50cm

春の七草を代表する植物。ペンペングサと呼ばれているが、ナズナが正式名称。

　春の七草の一つで、昔は冬の間の貴重な栄養源であったと考えられます。七草（1月7日）の頃のナズナは、まだロゼット状で地面にへばりつくようにして葉を広げています。この時の葉は大きさや環境によって色や切れ込み方など様々で、同じ植物とは思えないほどです。

　麦が日本に伝えられた時に、ハハコグサ（→p.62）などとともに入ってきたとされる、史前帰化植物の一種です。

名前の由来　古来より思わず撫でたいほど可愛い花ということから撫菜、それが訛り、ナズナとなった。

花期は3〜5月。

実は三角形で平たい。

ナズナの果実。

タネツケバナと似ているが、三角形をした果実の形で区別できる。

フキ
蕗

別名：ヤマブキ
Petasites japonicus
キク科　多年草
分布：日本全土
生育地：林縁、
田畑の周辺、道端
草丈：20〜40cm

蕾の状態で食べるフキノトウが山菜として有名。葉も葉柄も食用になる。

フキの蕾のフキノトウや、葉や葉柄は身近な春の山菜として親しまれていますが、そのほろ苦い味と香りは、まさに春の訪れを口の中からも感じさせてくれます。

フキノトウはどれも同じように見えますが、雌雄異株なので花が開いてからよく見ると、雄花は黄色っぽく雌花は白っぽく見えます。太い地下茎を伸ばして周辺に広がるので、たいてい群落になります。

フキノトウは生長して花になる。

名前の由来
冬に黄色い花が咲くことから冬黄（フユキ）となり、それが転訛したもの。

タネツケバナ
種漬花

別名：タガラシ
Cardamine flexuosa
アブラナ科　越年生1年草
分布：日本全土
生育地：田んぼ
草丈：10～30cm

花期は3～5月。

花びらが4枚のアブラナ科の植物で、花は直径3mmほどでとても小さく愛らしい。

早春のまだ水が入る前の田んぼを埋め尽くすように咲く小さな白い花は、ナノハナと同じアブラナ科のタネツケバナです。ステーキなどの洋食の脇役として欠かせないクレソン（オランダガラシ。→P.100）などに近い仲間で食用になります。

道端や植え込みの下草にはよく似たミチタネツケバナが生えますが、こちらはタネツケバナと異なり、地面にロゼット状に広がった根生葉が花の時期にも残ります。

果実は円筒形で2cmほど。

花はナズナによく似ている。

名前の由来

田植えの準備に種もみを水につけ、芽を出させる頃に咲くので種漬花となった。

23

レンゲソウ
蓮華草

別名：レンゲ、ゲンゲ

Astragalus sinicus

マメ科　多年草
分布：日本全土
生育地：田んぼ
草丈：10 〜 40cm

春の田んぼにこれほど似合う花はない。レンゲの根粒バクテリアは稲の肥料となる。

昔の春の田んぼでは、あちらこちらにレンゲソウのピンクの絨毯を見ることができました。この草を田の土と一緒にすき込んで肥料としたからです。化学肥料を使うようになった今では、あまり見られなくなってさびしい限りです。また、レンゲソウは蜜源植物としても欠かせません。のどかな春の日のレンゲ畑の周辺は、かすかな甘い香りと、ミツバチのブーンという羽音に満たされます。

名前の由来　花の形が仏様の座っている蓮華台に似ていることから、蓮華の草、レンゲソウとなった。

花期は4〜6月。

花はよい蜂蜜のもととなる。

化学肥料が使われる以前は、緑肥としてのレンゲ畑が多く見られた。

コオニタビラコ

小鬼田平子

別名：タビラコ
Lapsana apogonoides
キク科　1年草
分布：日本全土
生育地：田んぼ、
　　　　畦道、土手
草丈：3〜10cm

春の七草の一つであるホトケノザがコオニタビラコのこと。タビラコとも呼ばれる。

早春の田に平たく広がって黄色い小さな花を咲かせるコオニタビラコは、早稲の品種の普及などで田植えの時期が早くなってきた地方ではレンゲソウなどとともに見る機会が少なくなってきたのではないでしょうか。春の七草のホトケノザはこの草のことで、キク科特有のほろ苦さが七草粥の味のアクセントにもなっています。

名前の由来
葉が田んぼに平らにはびこることから田平、また、花が小さく可愛いことから「子」をつけ田平子となった。

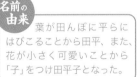

花期は4〜7月。

春の田んぼに多く見られる。葉は放射状に広がる。

タチツボスミレ
立坪菫

Viola grypoceras
スミレ科
多年草
分布：日本全土
生育地：林床や林縁
草丈：6〜30㎝

春先に林の縁や丘陵地の斜面などに生えるタチツボスミレ。日当たりのよい場所などには群生することも多く、その淡い紫色の花は、春の日差しをよりのどかに感じさせてくれます。

ただのスミレという種もありますが、この種が花茎以外は立ち上がらないのに対し、タチツボスミレは茎全体が立ち上がり、特に花の終わった後には30㎝もの高さに達することがあります。

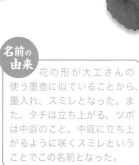

名前の由来 花の形が大工さんの使う墨壺に似ていることから、墨入れ、スミレとなった。また、タチは立ち上がる、ツボは中庭のこと。中庭に立ち上がるように咲くスミレということでこの名前となった。

花期は3〜5月。

葉はきれいなハート形。

27

ホトケノザ
仏の座

別名：サンガイグサ

Lamium amplexicaule

シソ科　1年草

分布：本州、四国、九州

生育地：畑やその周辺、道端

草丈：10〜30㎝

春の七草のホトケノザとはコオニタビラコのこと。よく混同されるがまったく別種の植物。

　一つひとつの花の形を見ると、ヒメオドリコソウ（→p.35）にとてもよく似ていますが、ホトケノザは葉のつき方がまばらで、花の付け根までよく見えるのが特徴です。

　春の七草のホトケノザは、これとはまったく別種のコオニタビラコ（キク科）のことです。このシソ科のホトケノザは花の下の葉の形を仏像の座す蓮華座に見立てての命名と思われます。

花期は3〜6月。

名前の由来　細長い花が丸い葉の上に咲いている姿を仏様の台座にたとえ、仏の台座、ホトケノザとなった。

キランソウ
金瘡小草

別名：ジゴクノカマノフタ
Ajuga decumbens

シソ科　多年草
分布：日本全土
生育地：林床や林縁、道端
匍匐性

別名に「地獄の釜の蓋」という恐ろしげな名をもっていますが、地面を這うように広がる姿を見立てたと同時に、薬草として使われたその薬効により地獄の釜に蓋をして地獄に堕ちるのを防ぐことができるという意味もあるという説もあります。いずれにせよ早春に咲く鮮やかな紫色の花は見事なものです。たまにある淡紅色の花のものは、モモイロキランソウといいます。

別名ジゴクノカマノフタ。地獄の釜に蓋をするほどの薬効があるとされる。

名前の由来
紫色を古語で「き」、また、藍色を「らん」と言ったことから、花の紫色を呼び名とした。

花はシソ科特有の形をしている。

茎や葉には毛が多い。

ジュウニヒトエは立ち上がるが、キランソウは地面に横に広がる。

スギナ
杉菜

別名：ツクシ
Equisetum arvense
トクサ科　多年草
分布：日本全土
生育地：田畑の周辺、
土手、荒れ地
草丈：15 〜 30cm

ツクシはスギナの胞子茎。地面の中でしっかりつながっている。

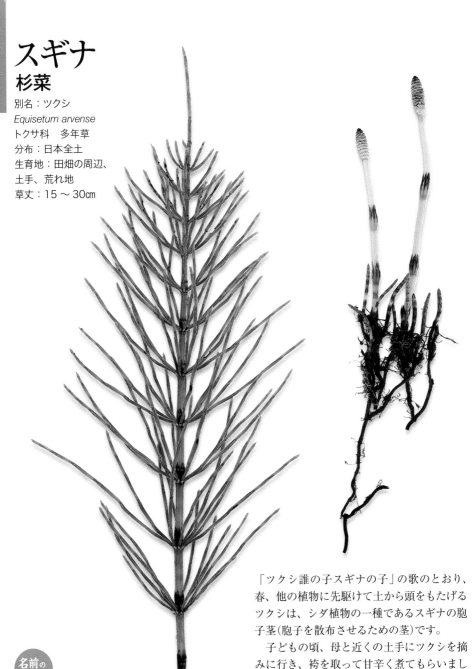

名前の由来
葉の形が杉の木に似ていること、また、葉が食べられることから杉の菜、スギナとなった。

「ツクシ誰の子スギナの子」の歌のとおり、春、他の植物に先駆けて土から頭をもたげるツクシは、シダ植物の一種であるスギナの胞子茎(胞子を散布させるための茎)です。

子どもの頃、母と近くの土手にツクシを摘みに行き、袴を取って甘辛く煮てもらいましたが、そのちょっとほろ苦い味は私の大好物でした。庭や畑の草取りの時は黒い地下茎に悩まされますが、今でもツクシを見るとあの春の味がよみがえってきます。

スギナの胞子茎。穂から緑色の煙のような胞子を出す。

ツクシの生長後、地中から栄養茎（光合成をするための茎）であるスギナが出る。

マメ科特有の蝶形花が集まって咲く。 小さな黄色花はとても可愛い。

ウマゴヤシ
馬肥し

別名：バークローバー

Medicago polymorpha

マメ科　越年草

分布：本州、四国、九州

生育地：牧草地、道端、空き地

草丈：3 〜 40cm

　ヨーロッパ原産の小さなマメ科植物ですが、江戸時代に牧草として渡来して以来、現在では日本各地の道端や草原に野生化しています。3〜5月に4〜5mmの小さな黄色い花を葉の付け根に数個ずつつけますが、ルーペで見ると小さいながらもマメ科の花の形をしているのが分かります。

　棘のある渦巻き形の実もおもしろいのでぜひ観察してみてください。小さくとも馬を肥やすパワーのある植物で、人に踏まれるような場所でもたくましく生きています。

小さくて目立たないが、踏まれ強く道端などに広がる。

実には棘があり、らせん状に渦巻く。

名前の
由来 牧草として輸入された
植物で、馬の飼料として利用
されたことによる。

小さくてもマメ科らしい花の形。　実は熟すと黒くなる。　葉の基部に切れ込んだ托葉がある。

33

花穂を引き抜いて吹くと草笛になる。プープーという可愛い音がする。

スズメノテッポウ
雀の鉄砲

別名：ヤリクサ
Alopecurus aequalis
イネ科　越年生１年草
分布：日本全土
生育地：田んぼ
草丈：20〜40cm

スズメという名のつく植物には、スズメノエンドウ、スズメノカタビラ、スズメノヤリ、スズメノチャヒキ、スズメウリなど多数あります。

スズメが人家の近くに棲みついて最も馴染み深い鳥であるように、スズメの名のついた植物も人々の生活圏の中にあって、さほど役に立たないものの馴染み深い植物であることが多いようです。

花期は３〜５月。

春の田んぼに多く見られる。

名前の由来　花穂が上を向き、その姿が鉄砲を思わせることからついた。スズメは小さいという意味。

ヒメオドリコソウ
姫踊子草

Lamium purpureum
シソ科
越年生1年草
分布：日本全土
生育地：田畑の周辺、道端
草丈：10～20cm

春の道端や草原でいち早く群落をつくり可愛らしいピンクの花を咲かせます。花がつくあたりの葉は赤紫色をしていて、重なりあったこの葉の間から花が顔をのぞかせます。どこにでも普通に見られる植物ですが、ヨーロッパ原産の帰化植物です。ヒメのつかないオドリコソウは同じくシソ科ですが、葉はすべて緑色で草丈はヒメオドリコソウの10～20cm程度に対し、30～50cmとだいぶ大柄です。

ホトケノザと似ているが、葉がスペード形であること、花が葉に隠れていることで区別できる。

花はピンクで花茎は1cmほど。

花期は3～5月。

名前の由来 群生している花の様子が踊り子が踊っているように見えることからこの名前となった。姫は小さなという意味。

ノボロギク
野襤褸菊

別名：オキュウグサ

Senecio vulgaris

キク科　1年草

分布：日本全土

生育地：畑やその周辺、道端

草丈：10～40cm

葉は柔らかくシュンギクに似ているが、食用には向かない。

黄色い小さな花は筒状花の集まり。　綿毛の直径は約1.5cm。

今ではほぼ日本中の道端や畑で普通に見られるノボロギクですが、明治時代の初め頃ヨーロッパから渡来したといわれる帰化植物です。比較的暑さ寒さに強いうえ、温暖な地域ではほぼ一年中花をつけては、白く小さな綿毛を風に飛ばして分布を広げる繁殖力の強さをもっています。

普通、花びらのない黄色い筒状花だけで、まれに舌状花をつけるそうですが、私はまだ舌状花は見たことがありません。

名前の由来
花後にできる綿毛を襤褸切れに見立て、襤褸を着た野に生える菊が名前の由来。

暖かい土地ではほぼ一年中次々に花を咲かせ、綿毛を風に飛ばして増える。

ミツバツチグリ
三葉土栗

Potentilla freyniana

バラ科　多年草
分布：日本全土
生育地：山野、
林床や林縁
草丈：5 〜 30㎝

鮮やかな黄色い5弁花はヘビイチゴとよく似ているが、花の中心部は小さい。

　花も葉も一見ヘビイチゴ
（→p.94）に似ていますが、ヘ
ビイチゴのような赤い果実は
なりません。また、ヘビイチ
ゴは一つの花茎に一つの花し
か咲きませんが、ミツバツチ
グリは茎の先に数個つけます。
　ちょっと見ただけでは同じ
ように見えても、目のつけど
ころが分かってくると次第に
違いが見えてくるものです。
ちなみにミツバツチグリはキ
ジムシロ属、ヘビイチゴはヘ
ビイチゴ属に属し、どちらも
バラ科の植物です。

名前の由来　根茎が栗のような味
がするツチグリに似ているこ
と、また、葉が3枚なのでこ
の呼び名になった。

花期は 3〜5 月。

葉の裏

葉の表

早春の陽だまりに咲く黄色い花はヘビイチゴに似るが、花の後、赤い実は生らない。

ツメクサ
爪草

Sagina japonica
ナデシコ科　1年草
分布：日本全土
生育地：道端、歩道、庭
匍匐性

目立たない植物だがとても強健で、日本全国どこでも生育できる。

　庭や道端などの固く踏み固められたような地面にも、伏すような形でしっかりと生きている小さな草です。葉の形を鳥の爪に見立ててこの名がありますが、何の鳥を連想しての命名でしょうか。確かにヒバリやセキレイの仲間などの爪は細長くわずかに湾曲しており、ツメクサの葉によく似ています。小さくともハコベやミミナグサなどとともにナデシコ科の植物です。

5 個の花弁はがく片より短い。

花期は 3 ～ 7 月。

果実は熟すと先が 5 裂する。

名前の由来
細長く湾曲した葉の形を鳥の爪に見立てたことからこの名前となった。

ノゲシ
野芥子

別名：ハルノノゲシ
Sonchus oleraceus

キク科　越年生1年草
分布：日本全土
生育地：野原、道端
草丈：50〜100cm

ノゲシと名前がついていてもケシの仲間ではなく、キク科の植物です。タンポポを小さくしたような黄色い花、花の後の綿毛、茎を切った時に出る白い乳液もタンポポと一緒です。

　葉に棘があって荒々しい感じのオニノゲシ、秋に淡いクリーム色の花を咲かせるアキノノゲシ（→p.334）もすべてこのノゲシの名をもとに名づけられたものです。

名前の由来
葉の形がケシの葉に似ていることから、春の野原に生える芥子、ハルノノゲシとなった。

花期は4〜5月。

葉は白みがかった緑。

名前にケシとつくが、ケシ科ではなくキク科の植物。花はタンポポに似る。

春の草花

ヨーロッパ原産の帰化植物。明治時代にサラダ用として持ち込まれた。

セイヨウタンポポ

西洋蒲公英

別名：タンポポ
Taraxacum officinale

キク科　多年草
分布：日本全土
生育地：道端、畑、空き地
草丈：10 ～ 20cm

名前の由来　蕾の形が鼓に見えることから鼓のタンポンタンポンという音を名前とした。また、セイヨウは西洋から渡来したことによる。

　日本のタンポポには、大きく分けて、もともと日本にあった在来種と海外から入ってきた外来のタンポポがあります。この外来種の代表がセイヨウタンポポです。

　セイヨウタンポポは単為生殖で種子をつける（受粉しなくても種子ができる）ので、あっという間に全国に広がりました。花を見ただけで区別するのは難しいですが、総苞片を見れば一目で分かります（見分け方のポイント参照）。しかし、最近は外来種と在来種の雑種も知られるようになりました。

花期は3～10月と長い。

42

在来種のシナノタンポポ。

在来種のシロバナタンポポ。

🔍 見分け方のポイント

セイヨウタンポポ：総苞片が反り返る。

在来種（シロバナを除く）：総苞片は反り返らない。

綿毛は種

タンポポの花は舌状花と呼ばれ、花びらに見える小さな花の集合体です。

受粉後綿毛となり、風が種子を飛ばします。

綿毛を一つひとつ丁寧に播くと、このように発芽する様子が見られます。

綿毛はきれいな球形。

播けば10日ほどで発芽する。

ナガミヒナゲシ
長実雛罌粟

Papaver dubium

ケシ科　1年草
分布：本州、四国、九州
生育地：道端、空き地
草丈：10〜60cm

もともとは観賞用として輸入された帰化植物。空き地や道路脇で急速に分布を広げている。

果実の上面にハッチ（蓋）がある。

花期は4〜5月。

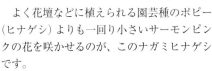

　よく花壇などに植えられる園芸種のポピー（ヒナゲシ）よりも一回り小さいサーモンピンクの花を咲かせるのが、このナガミヒナゲシです。

　ヨーロッパ原産の帰化植物で、各地で急激に増え始めたのは1990年頃からではないでしょうか。私が子どもの頃にはまったく見た覚えがありません。その名のとおりの長い実の上面はハッチになっていて、熟すと隙間を開けて細かい種子をまき散らします。

名前の由来　ヒナゲシよりも実が長いことから長い実の雛罌粟、ナガミヒナゲシとなった。

春の七草

1月7日の「七草粥」に入れる野草7種。
「せり なずな おぎょう
はこべら ほとけのざ
すずな すずしろ
これぞ七草」

芹 せり

水辺や湿地に生えるセリの若葉のさわやかな香りは、まさに春の香りです。春は葉だけで、夏に花茎を伸ばし白い小花をつけます。

撫菜 なずな

七草の頃のナズナは、ロゼット状の根生葉で、葉の切れ込みも様々です。春に咲く小さな花はアブラナ科特有の十字形です。

御形 おぎょう (ハハコグサ)

オギョウ（ゴギョウ）と呼ばれるハハコグサは、早春には白い毛に覆われた葉を地面に広げています。昔は草餅の材料にしました。

繁縷 はこべら (ハコベ)

ハコベというとコハコベかミドリハコベを指すのが普通です。カナリアなどの小鳥の餌には欠かせません。

仏の座 ほとけのざ
(コオニタビラコ)

コオニタビラコが現在の標準和名です。春の七草のうち、最も見つけにくいのがこの草かもしれません。

鈴菜 すずな (カブ)

カブのことで、日本古来の代表的な野菜の一つといえます。古事記や日本書紀にも記されており、冬の大切な栄養源でした。

清白 すずしろ (ダイコン)

ダイコンのことで、特に葉の部分をいいます。春の七草の中では一番大きいその葉は、β-カロテンなどが豊富な栄養野菜です。

セイヨウアブラナ

西洋油菜

別名：ナノハナ

Brassica napus

アブラナ科　越年草

分布：日本全土

生育地：川沿い、土手、道端

草丈：30 〜 150㎝

明治時代の初めにヨーロッパから渡来して菜種油を採取するために栽培されたものが野生化しています。観賞用として種子が播かれたものもあるようですが、鉄道沿線の土手や道端にも見られます。一方、在来種といわれるアブラナのほうは弥生時代に中国から渡来したといわれますが、今ではあまり目にする機会はないようです。

春まだ花の少ない時期のミツバチたちの大事な蜜源でもあります。葉の付け根が茎を抱くのが特徴です。

在来種にアブラナがあるが、普通ナノハナというと本種を指すことが多い。

名前の由来

ヨーロッパから渡ってきた、種から油が採れる菜が名前の由来。

花は南房総などでは冬から咲く。

菜花の一つで食べられる。

実が熟すと菜種油がとれる。

東京の中央線沿線の土手でサクラとコラボ。サクラより少し早く咲きはじめる。

セイヨウカラシナ
西洋芥子菜

別名：カラシナ

Brassica juncea

アブラナ科　越年草

分布：日本全土

生育地：川沿い、土手、道端

草丈：30 〜 150㎝

もともと食用として輸入されたものが野生化した。河川敷によく群生する。

名前の由来　ヨーロッパから輸入され、種を芥子の原料としたことからこの呼び名になった。

　セイヨウアブラナ（→p.46）が鉄道の土手なら、セイヨウカラシナは川の土手によく見られます。もちろんその逆もないとはいえませんが、春先に平地の川原や川沿いの土手を埋め尽くす黄色い花はこのセイヨウカラシナが多いようです。

　山の近くや寒い地方には、ひと回り小さくて細かく色鮮やかな黄色い花のハルザキヤマガラシが咲きます。セイヨウカラシナはセイヨウアブラナより細身で、葉の付け根が茎を抱かないのが特徴の一つです。

花はアブラナより華奢な感じ。

茎の中心は白いスポンジ状。

葉の基部は茎を抱かない。

川沿いの土手に多く見られる。背は高く、茎が赤紫を帯びることも多い。

ノウルシ
野漆

別名：サワウルシ

Euphorbia adenochlora

トウダイグサ科　多年草

分布：日本全土

生育地：湿地、河川敷

草丈：20 〜 50cm

かつては至る所に群生していたが、今では絶滅が心配される種となった。

　春の川岸の草地に明るく柔らかな黄緑色を群生させる、トウダイグサ（→p.51）の仲間の植物ですが、最近では見られる場所が少なくなって、絶滅危惧種に指定されています。トウダイグサよりも葉が細長い感じで、より大きな群落をなすことが多いようです。早春の川辺を明るく彩る、季節感あふれるこうした植物が見られるような自然環境をいつまでも残したいものです。

上部の黄緑色が鮮やか。

名前の由来　茎から出る乳液が皮膚につくと、ウルシと同じようにかぶれることから、野にある漆、ノウルシとなった。

茎を切ると白い乳液が出る。

50

トウダイグサ
燈台草

別名：スズフリバナ
Euphorbia helioscopia
トウダイグサ科　越年草
分布：本州、四国、九州
生育地：田畑の周辺、土手、道端
草丈：15 ～ 35cm

名前の由来　花姿を昔の燈台（室内照明器具）に見立てて、この呼び名になった。

　春の土手や畑、道端などで上向きの杯状の葉の上に明るい黄緑色の花を咲かせます。ノウルシとは近い仲間で、姿形もよく似ています。このトウダイグサの仲間の花は、数個の雄花と1個の雌花からなる面白い形をしています。ポケットにルーペを忍ばせておいて、見つけたらぜひ観察してみてください。植物の不思議の一端を垣間見ることができるでしょう。

春の土手に群生するトウダイグサ。青い小さな花はオオイヌノフグリ。

ジシバリ
地縛り

別名：イワニガナ　　分布：日本全土
Ixeris stolonifera　生育地：田畑の周辺
キク科　多年草　　草丈：5〜15cm

　ジシバリは別名イワニガナといって田畑の土手から岩場の斜面まで、匍匐枝（ほふくし）を出して広がります。タンポポを小さくしたような黄色い花がたくさん咲いている様は、とても可愛らしいものです。似た花にオオジシバリ（→p.54）がありますが、ジシバリの葉が丸みがかっているのに対し、こちらは細長いへら状で、生える場所もジシバリよりやや湿り気のある場所を好むようです。

名前の由来
茎が地面を縛るように覆うことから地縛り（ジシバリ）という名になった。

花はタンポポと似ているが、葉は円形でとても小さい。日本全国で見られる。

花期は4〜5月。

花後に綿毛となる。

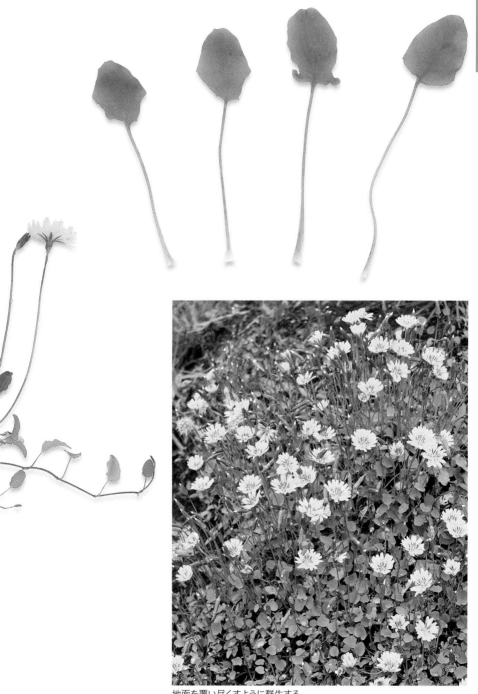

地面を覆い尽くすように群生する。

オオジシバリ
大地縛り

別名：ツルニガナ　　分布：日本全土
Ixeris debilis　　　生育地：田畑の周辺、道端
キク科　多年草　　草丈：10〜20cm

その名のとおりジシバリ（→ p.52）より花も葉もひと回り大きく、葉はへら状に細長い傾向があります。またジシバリよりも湿った環境を好むようで、田の畔や水路わきなどに大きな群落を見ることがあります。オオジシバリの花の雌しべは先が2つに分かれていますが、虫が他の花の花粉を運んでこない時は、先が丸まり自家受粉します。

黄色い舌状花がタンポポとよく似ていて、遠目には区別がつきにくい。

名前の由来
同属のジシバリより茎や花が大きいことによる。ジシバリは茎が地面を縛るように伸ばし覆うことの意。

花はジシバリよりも大きい。

ロゼット状で冬を越す。

湿った環境を好むため、休耕田や田のまわりで見かけることが多い。

カキドオシ
垣通し

別名：カントリソウ
Glechoma hederacea subsp.*grandis*
シソ科　多年草
分布：日本全土
生育地：野原、道端
草丈：5 〜 25cm

別名はカントリソウ（疳取草）。子どもの疳に効果がある薬用植物。

　はじめてカキドオシの名を聞いた時、「垣通し」とは知らず「掻き通し」かと思い、触るとかぶれでもするのかと思ったものです。しかし、それどころかこの植物は昔から薬草としても有名であったようで、子どもの疳の虫に効くといわれカントリソウの別名もありました。確かに知らずに踏んだりすると、あたりに薬っぽいさわやかな香りが立ち上ります。

名前の由来　つるのように伸びた茎が垣根を突き通すほど勢いがよいことからついた名前。

花期は4〜5月。

茎は長く横に這う。

カラスノエンドウ
烏の豌豆

別名：ヤハズノエンドウ
Vicia sepium
マメ科　越年生1年草

分布：本州、四国、九州
生育地：道端、田畑の周辺、土手
草丈：30～100cm

花は目立たないが、よく見るとスイートピーを小さくしたようでとても可憐。

　この草はどこにでも絡まるようにはびこるので、目の仇にされることが多いようですが、花をよく見ればまさに小型のスイートピーで、とても美しいものです。実も小型のサヤエンドウのようで、若いさやをたくさん集めればビールのつまみくらいになるのではと、塩コショウで炒めてみました。食べられなくはないものの、口の中に繊維が残りあまりお勧めはできません。

　葉と茎にアリマキがよくつくので、テントウムシが集まります。

サヤエンドウに似た果実がつき、熟すと黒くなる。

熟した実。

名前の由来 カラスが食べる野生のエンドウマメが名前の由来。また、実がカラスのように黒いことにもよる。

花期は3〜6月。

花はスイートピーに似ている。

ウマノアシガタ
馬の足形

別名：キンポウゲ　　　分布：日本全土
Ranunculus japonicus　生育地：山野、林道、野原
キンポウゲ科　多年草　　草丈：30 〜 60cm

花びらには光沢があり、太陽の光が当たると金色に輝き存在感を増す。

ウマノアシガタを知らなくても園芸の好きな人ならラナンキュラスの名は聞いたことがあるのではないでしょうか。

ラナンキュラスの野生種の一つがウマノアシガタで、学名もラナンキュラス・ジャポニクスといいます。エナメルのような光沢のある黄色い花は、小さくても鮮やかに輝いて見えます。しかし、キンポウゲの仲間はこのウマノアシガタを含め有毒のものが多いので注意が必要です。

名前の由来
花びらの形が馬蹄形に似ていることからついた名前。別名のキンポウゲは金色に光り輝く花という意味。

花には光沢がある。

花期は 4〜5月。

ハコベ

繁縷

別名：ハコベラ
Stellaria media
ナデシコ科　越年生 1 年草
分布：日本全土
生育地：
畑やその周辺、道端
草丈：5 〜 30㎝

子どもの頃、道端から摘んできたハコベを飼っていたカナリアに与えると、夢中でその葉や実を食べていたのを思い出します。

一般にハコベというとコハコベやミドリハコベを総称していうことが多いようですが、ここに載せた写真は最も普通に見られるコハコベです。

春の七草のハコベラとしても知られ、小鳥に限らず人間にとっても重要な緑黄色野菜でした。

名前の由来

ハコベは平安時代の草本書に「波久倍良（ハクベラ）」の名で登場し、やがてハコベラ、ハコベと転訛していった。

花期は 4 〜 6 月。

空き地などに密集して生育する。

春の七草の一つであるハコベラのこと。葉も茎もとても柔らかく小鳥の餌に最適。

グンバイナズナ
軍配撫菜

Thlaspi arvense

アブラナ科　1年草
分布：日本全土
生育地：牧草地、道端、空き地
草丈：30〜60㎝

ナズナと似ているが草丈が高く、実の形（軍配形）で区別する。

　ナズナ（→ p.20）より葉の切れ込みが少なくて、軍配形の実も大きく立派なのでボリューム感があります。道端や畦などに群生することが多く、4〜6月にナズナによく似た白い十字形の花をつけますが、その後の黄緑色をした軍配形の果実といい、熟してからのベージュのドライフラワー化した果実といい、なかなか美しいものです。

　果実は上向きにつくので、その軍配形がよく分かります。

花はナズナそっくりの十字形。

軍配の中心に種子が透けて見える。

名前の由来
　実の形が相撲で使う軍配に似ていることによる。また、ナズナは撫でたいほど可愛い菜ということ。

ナズナの葉ほど切れ込まない。

ナズナよりずっと数は少ないが、果実ができていればとてもよく目につく。

ハハコグサ
母子草

別名：ホウコグサ、オギョウ
Gnaphalium affine
キク科　1年草

分布：日本全土
生育地：田畑の周辺、道端
草丈：15〜40cm

ハハコグサは春の七草の一つである御形（オギョウ）と同じ。野にある姿はとても愛らしい。

春の七草のオギョウ、またの名をゴギョウと呼ばれるのはこのハハコグサのことです。

七草粥を食べる1月7日にはまだ白い毛に包まれた小さな葉が重なりあったロゼット状なので、慣れないと探すのに一苦労します。

中国では昔から3月3日に餅に入れて食べたそうで、それがこうした行事の起源なのかもしれません。4〜5月頃に黄色い頭状花をつけます。

名前の由来
茎や葉が産毛に覆われているため、母が子を包んでいるように見え、この名となった。

花期は4〜5月。

茎と葉には産毛がある。

スズメノエンドウ
雀の豌豆

Vicia hirsuta
マメ科
越年生 1 年草
分布：本州、四国、九州
生育地：道端、野原
草丈：30 ～ 60cm

花期は4～5月。

さやの中に種が2個できる。

カラスノエンドウ（→ p.56）に比べて小さいので、スズメノエンドウという名になったのはうなずけます。でも、この2種の中間の大きさのマメ科植物に、カラスのカとスズメのスの間の大きさということで、カスマグサという名の草があるのには驚かされます。名前をつけた人は、カラスとスズメの中間の大きさの鳥を思いつかなかったのでしょうか。ドバトエンドウとかヒヨドリエンドウとか……。

名前の由来
カラスノエンドウより小型であることから、カラスより小さい「スズメ」の名がついた。

茎の長さは 30 ～ 60cmほど。

カタバミ

片喰み

Oxalis corniculata

カタバミ科
多年草
分布：日本全土
生育地：道端、畑、庭
草丈：3〜10cm

葉は三つ葉で完全なハート形。ヤマトシジミの食草となっている。

　庭や駐車場などの草取りをしたことのある人なら、きっとカタバミの生命力の強さをご存じでしょう。すべて取ったつもりでいても、地表付近を横に這う茎が少しでも残っているとすぐに復活するうえ、実ははじけると何十cmも種子を飛ばします。この生命力と繁殖力ゆえに、子孫繁栄の願いを込めて古くから家紋にも使われてきました。よく見ると花はとても美しく、カタバミの仲間には多くの園芸種もあります。

名前の由来　葉が夜になると閉じ、片方を何者かに食べられたように見えることからこの名前となった。傍食とも書く。

花期は4〜9月。

果実は先が尖り、直立する。

カタバミの葉はヤマトシジミの幼虫の食草。

葉が小さくて赤いアカカタバミ。

ムラサキカタバミ

カタバミに比べ花も葉も大きく、花は美しいピンクです。同じピンク系～赤紫系の花にイモカタバミやハナカタバミがありますが、花の中心が明るい黄緑であることがムラサキカタバミの特徴です。

江戸時代に観賞用として移入された。花期は6～10月。

春の草花

イモカタバミ
芋片喰み

別名：フシネハナカタバミ

Oxalis articulata

カタバミ科　多年草

分布：本州、四国、九州

生育地：庭、道端

草丈：10 ～ 25cm

ムラサキカタバミとよく似た花を咲かせるが、花の色は全体に濃い。

名前の由来
葉が夜になると閉じ、片方が何者かに食べられたように見えることによる。芋は塊根が芋状であるため。

　同じ赤紫系の花を咲かせるムラサキカタバミとよく似ていますが、このイモカタバミのほうが密生し花も多くつけます。また、花の中心がムラサキカタバミが明るい黄緑なのに対し、イモカタバミは濃赤紫色です。

　この仲間の葉柄の中心の繊維をむき出して互いに絡め合い引っ張り合って強さを競う草相撲は、子どもの頃の楽しみの一つでした。ハートを３つ集めたような可愛い葉っぱはクローバーによく似た形です。

花の中心部は濃い赤紫色。

大きな芋状の塊根がある。

カタバミの仲間のなかでも群落をつくりやすい種で、花も密集してつく。

ショカツサイ

諸葛菜

別名：ムラサキハナナ

Orychophragmus violaceus

アブラナ科　越年生1年草

分布：日本全土

生育地：野原、道端

草丈：20〜60cm

日本の春の彩りに欠かせない花だが、江戸時代に入ってきた中国原産の帰化植物。

これほど多くの名をもっている草はそう多くはないでしょう。ショカツサイの他に、ムラサキハナナ、ハナダイコン、オオアラセイトウなどが、どれも同じくらいの割合で使われています。

ナノハナと同じアブラナ科の植物で、いざという時には食用にもなるショカツサイ、諸葛孔明が戦陣を張ってすぐ種を播いたというのもうなずける気がします。

名前の由来

諸葛孔明が戦時中に植えて食用としていたことから、諸葛の菜、ショカツサイとなった。

花の形はナノハナと同じ。

花期は3〜5月。

トキワハゼ
常盤爆

別名：ナツハゼ
Mazus pumilus
ハエドクソウ科　1年草
分布：日本全土
生育地：田畑の周辺、道端
草丈：7 ～ 25cm

　道端や畑などでほぼ通年見られ、ムラサキサギゴケ（→p.89）によく似た草です。ムラサキサギゴケよりも乾燥したところに生え、地を這って伸びる匍匐枝といわれる枝を出さないのが特徴です。花もやや小ぶりで花茎が立ち上がる傾向が強いようです。この仲間の花は、まるで小鳥が飛んでいるような可愛い形をしているうえ、模様もきれいです。

名前の由来
花が一年中見られることから常盤（永久の意）。また、実が爆ぜることで常盤の爆ぜとなった。

花はムラサキサギゴケより小ぶり。

ムラサキサギゴケに似た花は、春から秋まで咲き続ける。

69

ワスレナグサ

勿忘草

別名：ミオソチス
Myosotis scorpioides

ムラサキ科　多年草
分布：日本全土
生育地：水辺
草丈：20 〜 50cm

近年、花色が白やピンクの園芸種も野生化し、全国に分布を広げている。

名前の由来　英名の「Forget-me-not」の訳語が名前の由来。「私を忘れないで」と叫んで騎士がこの花を投げ、水に沈んだという悲しい伝説がある。

　名の由来に悲しい物語を秘めた草ですが、その物語の地がドナウ河畔であることからもヨーロッパ原産であることがうかがえます。

　観賞用に栽培されていたものが野生化して、各地の水辺や湿った土地に群生しているのを見かけるようになりました。その美しい青紫色の花びらと中心部の黄色はキュウリグサの花を大きくした感じで可憐です。

水色と黄色の花はやさしい印象。

湿った場所を好み、水辺に群生する。

ハマダイコン
浜大根

別名：ノダイコン

Raphanus sativus var. *raphanistroides*

アブラナ科　越年草
分布：日本全土
生育地：海岸付近
草丈：20 〜 80cm

　ハマヒルガオ、ハマエンドウなどとともに、春から初夏にかけての海辺を彩る植物の一つがハマダイコンです。もともとは栽培種ダイコンと同じものといわれ、畑で育てれば太いダイコンになるといいますが、海岸のものは細く硬い根しかありません。その代わり花は栽培種のものより立派で、色も濃いめの赤紫色のものが多く、青い海をバックに咲く姿はきれいなものです。

名前の由来
浜辺に野生化した大根が名前の由来。大根は大きな根をもつ植物のこと。

海岸の砂地に群生することが多い。

畑のダイコンより花は大きめで色も濃い。右は若い実。

ハツカダイコンが野生化したものといわれるが、花はそっくりでも根は肥大しない。

71

イカリソウ

錨草

別名：サンシクヨウソウ

Epimedium macranthum

メギ科　多年草

分布：本州、四国

生育地：林床

草丈：20 〜 30cm

春に赤紫色の花をつけ、全草が淫羊藿という生薬で、精力剤となる。

　春に芽を出すと、葉が開き始めるのとほぼ同時に花も咲き始めます。赤紫色の花弁には距と呼ばれる細長く突き出た部分があって、花全体が船の錨のような形に見えるのでこの名があります。昔から中国では同じ仲間のホザキノイカリソウの地上部を乾燥したものを淫羊藿と呼んで精力剤としています。この草を食べた羊は、1日に百回交尾するという言い伝えもあるそうです。日本のイカリソウも中国産と同様の効き目があるといいます。

草丈は 20 〜 30cm、花色は野生でも変異が多いが最近は交配種も多い。

花は花弁とがく片からなる。

花弁の一端は長い管状（距）。

名前の由来　突き出た4枚の花弁が、錨の形に見えることによる。

ジュウニヒトエ
十二単

別名：アジュガ
Ajuga nipponensis
シソ科　多年草
分布：日本全土
生育地：林床や林縁
草丈：10〜25cm

花姿に気品があり観賞価値が高い。日本原産の植物。

　春の野山の林縁や明るい林の中で、他の草が伸びはじめる前に春を告げてくれる花の一つです。白か淡紫色をした花が幾重にも重なり合って咲く姿は、小さく派手ではないもののよく見るとなかなか豪華なつくりです。

　近い仲間にキランソウ（→p.29）がありますが、こちらは上に伸びず地を這う性質があります。キランソウのような紫の花のセイヨウジュウニヒトエもあります。

名前の由来
十二単の装束のように、花が何層にも重なっていることによる。

早春の陽だまりにいち早く咲く。

フデリンドウ
筆竜胆

Gentiana zollingeri
リンドウ科　多年草
分布：本州、四国、九州
生育地：明るい林床
草丈：5〜10cm

　春3〜5月頃、野原や明るい林床に咲く可愛いリンドウです。よく似た仲間にハルリンドウがありますが、こちらにはフデリンドウにはほとんどないロゼット状の根生葉（こんせいよう）が根元にあるので区別できます。花は晴れた昼間に開きますが、曇ったり雨が降っている時には閉じたままで、その名の由来となった先の尖った筆の先のような形の蕾（つぼみ）のままで過ごします。

花は小さいが風格がある。

名前の由来
蕾の状態が筆先の形をしていること。リンドウは漢名の竜胆が転訛した。

75

ネコノメソウ

猫の目草

別名：ハナネコノメ
Chrysosplenium grayanum
ユキノシタ科　多年草
分布：日本全土
生育地：山地の湿地や沢沿い
草丈：5〜20㎝

山地の湿った木陰に自生し、茎の頂に淡黄緑色の小花をつける。

　春先に山の湿地の周辺や渓流沿いの木陰に淡黄緑色の明るい花が目立ちます。この淡黄緑色の部分のほとんどは花の台座のように広がっている葉で、花はその中心付近に点在しています。花弁はなく花びら状の4個のがく片と4本の雄しべが確認できます。猫の目のように見えるのは花ではなく果実の時で、細く裂けた蒴果を猫の瞳孔に見立てたのでしょう。似た仲間は多いのですが、雄しべが4本、匍匐枝がある、葉は対生などが本種の特徴です。

蛍光色のような淡黄緑色の花と葉はよく目立つ。

匍匐枝を出して横に広がって群生する。湿った場所を好む。

猫の瞳孔に見える、裂けた朔果。

花のまわりの葉は鮮やかな淡黄緑色。

名前の由来 裂開した果実が、瞳孔を細めたネコの目に似ていることによる。

ワサビ
山葵

別名：ヤマアオイ　　　分布：本州、四国、九
Wasabia japonica　　生育地：沢沿い、湿地
アブラナ科　多年草　　草丈：15 〜 40㎝

冷涼な山間の渓流に自生する。日本原産の香辛料で、全草食用となる。

　ワサビというとワサビ田などで栽培されているものを思い出す方が多いかもしれませんが、もとは山の沢沿いなどに自生する野草で学名もWasabia japonica、日本を代表する香辛料のひとつです。川の源流のような清い流れ近くに咲く白い小さな花は、ひかえめながらも清楚な美しさがあります。しかし、根茎をすりおろした時の鮮烈な香りは10分が勝負。花の美しさも香りの潔さも、いかにも日本的です。

清々しい純白の花。

沢沿いに自生するワサビ。栽培種より根は細い。

名前の由来　鼻につんとくる辛さを表す言葉「悪障疼（わるさわりひびく）」の略。

ハシリドコロ
走野老

別名：サワナス
Scopolia japonica
ナス科　多年草

分布：本州、四国、九州
生育地：湿った林床
草丈：20 〜 50cm

山間の湿地に多く自生する。全草毒草で特に茎と根は毒性が強い。

　山の湿った林床などに春いち早く新芽を出して、褐色の釣鐘状の花を咲かせます。カタクリなどと同じように早春に花開き、夏前には枯れてしまう春植物ですが、スプリングエフェメラル（春の妖精）の仲間には入れてもらえないことが多いようです。それはハシリドコロが欧州のベラドンナと同じように、アルカロイドを含む有毒植物だからでしょうか。かといってスプリングデビルでは可哀相……。

名前の
由来　食べると幻覚症状が起きて走り回り、根茎がトコロに似ていることによる。

芽生えてすぐ、褐色の花が咲く。

4〜5月頃開花し、草丈は 20 〜 50cm くらいになる。

フッキソウ
富貴草

別名：キチジソウ
Pachysandra terminalis
ツゲ科　多年草
分布：北海道、本州、
四国、九州
生育地：山地の林床
草丈：15 〜 30cm

山地の林内に多く見られる。日陰でもよく育ち、庭園の下草に利用されている。

　山地の林内に生えて茎が地を這うように広がって芽を立ち上げるので群落をつくります。草丈は15 〜 30cmで常緑なので、繁栄のシンボルとされ庭や公園のグラウンドカバーにもよく利用されます。花言葉も「吉事」「よき門出」等で縁起のよい植物とされ、別名の吉字草や吉祥草もそのあらわれでしょう。3〜4月に茎の頂に白い花を穂状につけ、雌雄同株なので基部に雌花、先端部に雄花をつけます。

これは雄花で花の先端部につく。

積雪地では雪解けと同時に開花。

名前の由来　繁殖力が強く、常に青々とした葉を繁らせることから、「繁栄」の意味の「富貴」とつけた。

エンレイソウ

延齢草

別名：クロミノエンレイソウ
Trillium smallii

シュロソウ科　多年草
分布：日本全土
生育地：湿った林床
草丈：20〜50cm

　低地や山地の林床などの少し湿ったところを好みます。杉林の林縁などの薄暗い場所にも生えます。草丈は20〜50cmほどで茎の上の方に3枚の葉が輪生します。そして4〜6月頃にその葉の中心から短い花茎を伸ばして緑から濃紫色の花をつけますが、3枚の花弁のように見えるのは花弁ではなくがく片です。近い仲間に白花のミヤマエンレイソウ、白花で大型のオオバナノエンレイソウがあります。

黒く熟した果実は食用となるが、根茎は有毒で注意が必要。

花色は濃淡、個体差がある。

名前の由来　生薬名の延齢草根を由来とする説があるが、はっきりしたことはわかっていない。

81

アマドコロ
甘野老

別名：ナルコラン
Polygonatum officinale
キジカクシ科　多年草
分布：北海道、本州、四国、九州
生育地：林床や林縁
草丈：20〜60cm

根茎には甘みがあり山菜として食用にされる。果実は液果で直径1cmほど。

　4〜5月頃、山野の草地で上半分が弓なりに曲がった茎に、白くて先が緑色の花を吊り下げるようにつけます。よく見ると花は葉の付け根から1〜2個が花柄ごと垂れ下がり、下向きに咲いています。茎には稜（茎に沿ってできた角張った隆起）があって赤紫がかる傾向があります。よく似たものにナルコユリやホウチャクソウがありますが、ナルコユリは茎がまるくて花数が多いこと、ホウチャクソウは茎が枝分かれすることなどで区別できます。以前はユリ科、今はキジカクシ科に分類されています。

花は葉のわきに1〜2個つく。

草丈は20〜60cmほどで、枝分かれしない茎には6本の稜がある。

名前の由来　根茎がトコロ（ヤマイモの一種）に似て、甘みを帯びることによる。

サクラソウ
桜草

別名：ニホンサクラソウ

Primula sieboldii

サクラソウ科　多年草

分布：日本全土

生育地：湿った原野

草丈：10 ～ 20㎝

　やや湿った土地を好むために平地の自生地は埋め立てられたり、護岸工事によって環境が変わったりしてすっかり減ってしまいました。残った数少ない群生地のひとつ、さいたま市の田島ヶ原サクラソウ自生地は、国の特別天然記念物に指定されています。山地では大群落は少ないものの、湿った林の中や渓流の周辺などの草地で小さな群れはよく見かけます。大群落でなくともピンク色の花は遠くからでもよく目につきます。

日本のサクラソウ類の代表格。

育種は進んでいるが、野生での群落は年々減少している。

ハートが集まったような合弁花。

アサガオの実に似た果実。

名前の由来　花の形と色がサクラに似ていることによる。

85

ヒメウズ

姫烏頭

別名：トンボソウ

Semiaquilegia adoxoides

キンポウゲ科　多年草

分布：本州、四国、九州、沖縄

生育地：畦道や土手、道端

草丈：10 〜 30cm

山間部の谷筋や石垣の間に生える。花は白く長さは5mmほどで、下向きに咲く。

田畑の土手や山の林縁など広い環境に生育しますが、草丈は10〜30cmで非常に華奢なため気をつけていないと見落としてしまいます。しかし、よく見るとなかなか繊細な美しさがあって、属は違いますが同じキンポウゲ科のオダマキの仲間にも茎葉や花の様子がよく似ています。土の中には塊茎があって、そこに養分を蓄えて同じ場所に毎年生えてくる多年草です。漢方にも使われますが有毒でもあります。

花が小さく目立たないが、田園地帯から山野まで広く分布している。

名前の由来　草姿が烏頭（トリカブト）に似ていることによるが、小形のため姫とつけた。

花は距のないオダマキのよう。

ムラサキケマン

紫華鬘

Corydalis incisa

ケシ科
越年生1年草
分布：日本全土
生育地：林縁、道端
草丈：20〜40cm

黄色の花は黄華鬘（キケマン）という。どちらも毒草なので要注意。

林縁などの半日陰のやや湿った場所を好む越年草です。羽状の細かく裂けた葉は、薄く柔らかそうに見えますが、有毒なので決して食べてはいけません。しかし、ウスバシロチョウの幼虫はこの葉を食べて育ちます。このチョウ自身は平気なのですが、今度はこのチョウが毒をもつことになります。

「蓼食う虫も好き好き」といいますが、これも生物多様性の一つといえるでしょう。

花期は4〜5月。

木陰に多く見られる。

名前の由来 花の連なりが華鬘（仏堂内陣を飾る仏具）に似ていることから紫色の華鬘、ムラサキケマンとなった。

ムラサキサギゴケ

紫鷺苔

Mazus miquelii
ゴマノハグサ科
多年草
分布：日本全土
生育地：田の畦、湿った野原
草丈：5～10cm

サギは鳥の鷺を指す。雑草の花の中でもとりわけ美しい花の一つ。

田や畦や、やや湿った草原に生え、地面を這う茎を縦横に伸ばして広がる性質があります。白い花のものはサギゴケと呼ばれます。除草剤や外来種の影響か、最近あまり見かけなくなった気がします。

よく似た植物にトキワハゼ（→p.69）がありますが、これは花が小ぶりで色は淡いものが多く、トキワ（常葉）の名のとおり春以外も花をつけ、地を這う茎は出しません。

名前の由来

花の形が飛んでいるサギに見えること、花の色が紫色であること、また茎がコケのように地面に広がることからこの名前となった。

花期は4～6月。

日当たりのよい場所に生える。

ハルジオン
春紫菀

別名：ビンボウグサ

Erigeron philadelphicus

キク科　多年草

分布：日本全土

生育地：田畑の周辺、道端

草丈：30〜60cm

ヒメジョオンとの違いは、蕾が下を向いていることと、茎が中空であることで区別できる。

名前の由来　シオン（紫菀）に似ていて春に咲くことから春に咲く紫菀、ハルジオンとなった。

　春先の道端や空き地などで普通に見られるハルジオンですが、もともとは北米原産の帰化植物です。

　花が開く前の蕾の間、まるで恥じらっているかのようにうつむく様はとても愛らしく、ハルジオンの特徴の一つでもあります。

　大正時代に日本に入って来て以来、短期間に日本全土に分布を広げたことからも、見た目とは裏腹に非常に生命力のあるしたたかな植物であることが分かります。

花色の基本は白だが、ピンク～赤紫のものもある。

花期は4～5月。

茎の中は空洞となっている。

ヒメジョオン（→ p.154）より一足早く咲く。また、舌状花が細く数も多い。

シロツメクサ
白詰草

別名：クローバー
Trifolium repens
マメ科　多年草
分布：日本全土
生育地：道端、空き地
草丈：10〜30cm

四つ葉のクローバーを見つけると幸福が訪れるという。見つかる確率は1万分の1とか。

クローバーの名でも親しまれているシロツメクサの葉は3小葉の複葉が基本ですが、1株ごとにその形、模様、大きさは千差万別です。小葉が4枚あるものは、四つ葉のクローバーとして幸せのシンボルとされていますが、デザイン的にもとても可愛いものです。これは一種の奇形で簡単には見つかりませんので希少価値があります。時には五つ葉や六つ葉が見つかることもあります。

名前の由来
江戸時代にオランダからガラス製品を運ぶ時、乾燥させた花が緩衝材になっていたことによる。

緑肥や土壌浸食の防止として栽培されている。

アカツメクサ

　ムラサキツメクサとも呼ばれ、シロツメクサと同時期に日本に入ってきた、ヨーロッパ原産の帰化植物です。牧草として栽培されていたものが野生化して、全国に広がっていきました。

花期は4〜9月。

花期は5〜8月。

93

ヘビイチゴ

蛇苺

別名：クチナワイチゴ　　分布：日本全土
Duchesnea chrysantha　　生育地：湿った草地、田の畦
バラ科　多年草　　草丈：4〜10cm

見た目はおいしそうだが、まずくて食用にはならない。でも実に毒はない。

田の畦や少し湿った野原などによく見られる小さなイチゴです。横に這う茎を伸ばして広がり、関東地方では4月頃黄色い花を咲かせ、5月頃直径1cmほどの赤い実を上向きにつけます。その名のせいか毒があると思われがちですが、毒はありません。しかし、食べてもおいしいものではありません。

林縁部や半日陰の場所には、葉の色が濃く実の地肌が赤くて、艶のあるヤブヘビイチゴが見られます。

名前の由来
蛇がいそうな場所に生えていること、また、まずくて蛇にでも食べさせるイチゴということから蛇の苺、ヘビイチゴとなった。

花期は4〜5月。

果実の表面にはつぶつぶがある。

日当たりのよい空き地に群生して実をつける様子は圧巻。

マムシグサ

蝮草

別名：ヘビノダイハチ

Arisaema serratum

サトイモ科　多年草

分布：本州・九州

生育地：明るい林床や林縁

草丈：40 〜 70cm

早春に槍の穂先のような葉を伸ばし、十分生長したところで花が現れる。

やや湿った林の中などを好む植物ですが、鎌首をもたげたようなその花の姿は、マムシというよりも、まるでコブラのようです。この奇妙な形の花は、火炎形の光背のようなので仏炎苞と呼ばれますが、サトイモ科の植物に特有のものです。

サトイモの花はもちろん、ミズバショウやいけばななどに使われるカラーの花、観賞用熱帯植物として知られるアンスリウムも同じサトイモ科の植物だといえば、納得していただけるのではないでしょうか。

秋には赤い実がびっしりつく。

偽茎(ぎけい)の模様はマムシそっくり。

ウラシマソウが葉より下に花をつけるのに対し、マムシグサは上につける。

名前の
由来
花弁を包む葉(仏炎苞)
が鎌首をもたげたマムシの姿
に似ていることによる。

97

アメリカフウロ
亜米利加風露

Geranium calolinianum

フウロソウ科　1年草
分布：日本全土
生育地：道端、土手、畦道
草丈：20〜40cm

輸入された牧草に混じっていた種から、またたく間に全国に分布を広げた。

ゲンノショウコ(→p.196)によく似ていますが、より葉の切れ込みが深く、花の直径は1cmと小さめなので区別がつきます。また、花期が5〜9月とゲンノショウコよりも早めなのも特徴です。その名のとおり北アメリカの原産ですが、昭和初期に渡来したといわれており、現在は本州、四国、九州の道端や草地などで普通に見られるようになりました。

花はゲンノショウコより小さい。

名前の由来
北アメリカ原産の風露草が名前の由来。風露とは草刈場（ふうろ野）に生える草を指す。

切れ込みの深い葉が特徴的で、茎や葉柄は赤みを帯びることが多い。

ウラシマソウ
浦島草

別名：ヘビノコシカケ

Arisaema thunbergii subsp.*urashima*

サトイモ科　多年草
分布：日本全土
生育地：林床や林縁
草丈：30 ～ 50cm

マムシグサと花の様子は似るが、釣り糸に見える長い付属体が目印となる。

　それにしても奇妙な形をした花です。この浦島太郎の釣り糸が何の役目をしているのか、虫を花の中へ誘う誘惑の糸なのか、花の中へ入った虫が外へ出るための避難ロープなのか、いろいろ考えたのですが、観察するしか真実を知る道はなさそうです。

　山野の木の下や林縁で見かけますが、海岸の照葉樹林の林縁にあるものは特に大型で、釣り糸が1mになるものもあります。

名前の由来
花姿を浦島太郎が釣りをしている釣り糸に見立ててこの呼び名になった。

花は葉よりも低い位置にある。

99

オランダガラシ

和蘭芥子

別名：クレソン

Nasturtium officinale

アブラナ科　多年草

分布：日本全土

生育地：溝、小川、田の周辺

草丈：20 〜 50㎝

名前の由来　オランダから渡ってきた植物で、葉や茎に芥子のような辛みがあることによる。

　オランダガラシの名前を
知らない人でも、クレソンと
いえば分かるのではないで
しょうか。あのステーキやハ
ンバーグのわきに添えてある、
甘い香りとちょっとピリッと
した刺激のある葉っぱです。
もともと水辺やきれいな流れ
を好む丈夫な植物なので、明
治時代にヨーロッパから入っ
てきたものが、各地の水辺に
広がりました。4〜6月に直
径6㎜ほどの白い十字形の花
を多数つけます。

花はアブラナ科特有の十字形。

きれいな流れの水辺を好み、茎から根を下ろし横に広がる。

101

スズラン

鈴蘭

別名：キミカゲソウ
Convallaria majalis
キジカクシ科　多年草
分布：日本全土
生育地：高原の草地
草丈：15 〜 30cm

山地に多く自生し、花には芳香がある。全草有毒で注意が必要。

その名前の響きといい、うつむいて咲く純白の清楚なたたずまいといい、一度見聞きしたら決して忘れない素敵な花です。しかし、その姿とは裏腹に全草有毒で、牧草といっしょに誤って食べた家畜が中毒になったとか、山菜のギョウジャニンニクと間違えて食べたという事故をよく耳にします。場合によっては死に至るほど強い毒ですから注意が必要です。花壇に植えられているものの多くは、より大きめで香りも強いドイツスズランです。

全草有毒なので、山菜と間違えないように。

草丈は 15 〜 30cm。在来種はふつう花茎より葉の方が長い。

釣鐘形の花が下向きに咲く。

名前の
由来
釣鐘形の花の形が鈴を
連想させ、草姿がランに似て
いることによる。

ヤマエンゴサク
山延胡索

Corydalis lineariloba

ケシ科　多年草
分布：本州、九州
生育地：山野
草丈：10〜20cm

山林や道端に自生する。　草丈は10〜20cmと小形で、先端に紅紫色の花をつける。

花の下の苞が同定のポイント。

山の落葉広葉樹林内や林縁のやや湿ったところに生えます。草丈は10〜20cmほどで4〜5月に茎の上部に青紫または紅紫色のケマンソウの仲間独特の距のある細長い花を総状につけます。花の下には苞と呼ばれる緑色の葉のようなものがついていますが、この苞に切れ込みがあるのがヤマエンゴサクの特徴です。よく似た花のエゾエンゴサクには切れ込みがないので、見分けるポイントになります。

名前の由来
「ヤマ」は山地に生育するため、「エンゴサク」は漢方薬に使われる「延胡索」の日本語音読み。

スプリングエフェメラルのひとつ。

104

ヤマブキソウ
山吹草

別名：クサヤマブキ
Hylomecon japonica
ケシ科　多年草
分布：本州、四国、九州
生育地：林床
草丈：30 ～ 40cm

たくさんの雄しべがよく目立つ。

まさに山吹色で上向きに咲く。

名前の由来　花の色と形が樹木のヤマブキに似ていることによる。

　山野の林床に生える多年草で4～6月頃、草丈30～40cmの先端に直径5～7cmほどのヤマブキ色の4弁花をつけます。この花色が名前の由来で、新緑が萌えはじめた林内に鮮やかな色の花がよく目立ちます。地下には根塊があって毎年春になると同じ場所に出現して群生していることが多いものです。近い仲間にクサノオウがありますが、この花をルーペで見るとヤマブキソウそっくりです。

チゴユリ
稚児百合

別名：エダウチチゴユリ
Disporum smilacinum

イヌサフラン科　多年草
分布：日本全土
生育地：林床
草丈：10〜30cm

山間の木陰に多く自生し、茎の先端に小形の白い花を一つつける。

　まさにその名のとおり、ユリの花をそのままコンパクトにしたような可愛い花です。山野の新緑の中で白い花を見つけるとなぜかほっとします。きっとその大きさ、色、咲き方などがすべてひかえめでありながらも、しっかりと自己主張している姿に魅せられ、癒されるからだと思います。花ことばの「純潔」「はずかしがりや」、ともによく言い当てていると思います。花の後に黒い果実をつけます。

名前の由来
小さく可憐な花が、稚児を連想させることによる。

花はうつむいて咲く。

ツルカノコソウ
蔓鹿の子草

別名：ハルオミナエシ
Valeriana flaccidissima Maxim
スイカズラ科　多年草
分布：本州、四国、九州、沖縄
生育地：湿った林床や林縁
草丈：20〜60cm

山地の湿った木陰に生え、オミナエシに似ているが、花は淡紅色。

山の谷筋などのやや湿った半日陰の環境を好む植物で、スギやヒノキの林縁や渓流の周辺などでよく見かけます。4〜5月頃に直径約2mmほどの白またはうっすら紅のかかった小さな花を、茎の上部に散房状に多数つけます。草丈は20〜60cmで根元からつる状のランナーを出して地を這うように伸び、増え広がっていくのでこの名があります。似たものに、より山奥に多いカノコソウがあります。

ランナーで増え、よく群生する。

名前の由来
蔓枝を伸ばし、蕾の頃の花が鹿の子模様に似ていることによる。

ラショウモンカズラ
羅生門葛

Meehania urticifolia

シソ科　多年草
分布：本州、四国、九州
生育地：林床や林縁
草丈：15 〜 30cm

山林の木陰に自生する。花茎は直立し、高さは15〜30cmほど。

　新緑の頃の林床や林縁で草丈15 〜 30cmのわりには大きめの紫色の花を2〜3個ずつ、3〜4段につけます。花の形はシソ科特有の唇形ですがふっくらしており、この形を羅生門で渡辺綱が切り落とした鬼女の腕に見立てて名前がつけられたといわれます。花が大きいので吸蜜に来るハチも大型で、ハチが訪れるたびに花茎がおじぎをするように揺れます。根元から地を這うランナーを出して増えます。

花は同じ方向を向いて咲く。

シソ科の中では大きな花。

名前の由来
花姿を渡辺綱が切り落としたという平城京の羅生門に巣食う鬼女の腕に見立てたこと。カズラはつるのような茎があることによる。

リュウキンカ
立金花

別名：エンコウソウ
Caltha sibirica
キンポウゲ科　多年草

分布：北海道、本州、四国、九州
生育地：湿原
草丈：15 〜 50cm

春から初夏の湿地を、明るい緑の葉と目の覚めるような鮮やかな黄色の花で彩るキンポウゲ科の多年草です。ミズバショウ（→ p.133）と同じようなところに生えるので、同時に咲いた時は白と黄色のコントラストがとてもきれいです。若い葉を山菜として利用することもあるようですが、他のキンポウゲ科の多くの植物と同様に基本的には有毒ですから注意が必要です。本州北部〜北海道にはエゾノリュウキンカが分布します。

名前の由来　花茎が直立し、金色の花が咲くことによる。

山の湿地で最初に咲く花のひとつ。

クワガタソウ
鍬形草

Veronica miqueliana
オオバコ科　多年草
分布：本州
生育地：沢沿い、湿った林床
草丈：10〜20cm

花径1cm前後の淡紅紫色の花は、オオイヌノフグリによく似ている。

オオイヌノフグリに似た花。

山地の少し湿った林などに生える草丈10〜20cmくらいのかわいい草で、花の形はオオイヌノフグリ（→p.18）によく似ています。それもそのはずで、同じクワガタソウ（ベロニカ）属の植物です。クワガタソウは日本の固有種ですが、園芸植物として外国産の同属の仲間がベロニカの名前で流通しています。お店でベロニカを目にしたらクワガタソウやオオイヌノフグリの仲間であることを思い出してください。

名前の由来　がく片のついた三角形の果実を、兜の鍬形に見立てたことによる。

明るい緑の葉に白い花が清々しい。

春の野草

春は芽生えの季節。
待ちかねていた草や木が
一気に萌え出します。
春の野草は、その柔らかな
新芽を摘んで食べるのが基本。
ちょっとほろ苦い春の味が
たまりません。

種浸け花 (たねつけばな)

クレソンの近縁な
だけに味も似てい
ますが、よりワイ
ルド。そのままな
ら天ぷら。茹でて
水にさらしてから
おひたしにします。

虎杖 (いたどり)

太くて肉厚な若芽
をポキッと折って、
そのままかじるの
が最高。シュウ酸
があるので食べ過
ぎないこと。軽く
茹でてから調理し
ても可。

杉菜 (すぎな)

スギナは干してお
茶にしかできませ
んが、ツクシは袴
を取り除いてから
しょう油と砂糖で
甘辛く煮ると、ご
飯のおかずに最高。

枸杞 (くこ)

手で折れる太い
芽の先をさっと茹
でて細かくきざみ、
塩をまぶしてから
炊き立てのあつあ
つご飯に混ぜ込む。
春の色と香りが最
高。

諸葛菜 (しょかつさい)

諸葛孔明推薦とい
われる万能野草は、
花がきれいなうえ
菜っ葉として食べ
られるほか、種子
からは油がとれる
といいます。

西洋蒲公英 (せいようたんぽぽ)

ごく若い葉ならサ
ラダも可だが、苦
みがあるので普通
は茹でて水にさら
してからおひたし
やあえ物に。根は
干して炒ってコー
ヒーに。

蕗 (ふき)

ご存じのように葉
柄はきゃらぶきや
水煮、ごく若い葉
も煮ると美味。フ
キノトウは味噌、
酒等であえてふき
味噌に。天ぷらも
おいしい。

ミヤコグサ
都草

別名：エボシグサ

Lotus corniculatus var. *japonicus*

マメ科　多年草

分布：日本全土

生育地：田畑の周辺、海岸、河川敷

草丈：5 〜 30㎝

鮮やかな黄色い花が美しい。日当たりを好む植物。

花の形から烏帽子草の別名も。

果実は熟すと黒くなる。

　春から初夏にかけての道端や草地に鮮やかな黄色い花を群れ咲かせるマメ科の植物です。茎が地を這って広がる性質があるので、他の植物にもたれかかるようにして立ち上がったとしても高さは30cm程度で、マット状に低く広がっています。

　マメ科特有の花の形をしていますが、その形が烏帽子（えぼし）に似ているところからエボシグサの別名もあります。最近はよく似たセイヨウミヤコグサや背の高いネビキミヤコグサなど外来種も見かけます。

名前の由来　昔、京に都があった頃、そこに多く生えていたことから名づけられた。

日当たりのよい草原に横に広がる。花期は5〜6月。

113

シロバナマンテマ
白花マンテマ

Silene gallica var. gallica

ナデシコ科　越年生1年草
分布：日本全土
生育地：埋立地、空き地、道端
草丈：20～40cm

名前に白花とつくが、花色は白から淡紅色までバリエーションが豊か。

　シロバナという名がついていますが、白色の花と同じくらいの確率で淡紅色系の花色の個体群も見かけます。

　ナデシコ科の植物ですがヨーロッパ原産の帰化植物です。より古く江戸時代末期に渡来したといわれるマンテマの学名上の母種とされますが、日本に入ってきたのはシロバナマンテマのほうがだいぶ後のように思われます。荒地に群生することがあります。

名前の由来
　白っぽい花をつけるマンテマが名前の由来。マンテマとは属名のアグロスマンテマが転訛したもの。

小さい花だが群生すると見事。

花の色は白か淡紅色。

茎や葉には毛が生えている。

ミミナグサ
耳菜草

別名：ネズミノミミ

Cerastium holosteoides var. *hallaisanense*

ナデシコ科　越年草

分布：日本全土

生育地：田畑の周辺、道端

草丈：15 〜 30cm

　外来種のオランダミミナグサが増えた分、在来種ミミナグサはより郊外へ押しやられてしまった感がありますが、道端や林縁など思わぬところで見かけることもあります。花柄ががく片より長いのが特徴の一つですが、全体にオランダミミナグサより華奢でひょろひょろした印象を受けます。また、茎やがくが暗紫色を帯びることもあります。

名前の由来　対生する小さな葉をネズミの耳にたとえ、この呼び名になった。

ハコベの仲間とよく似ているが、ミミナグサの仲間は葉も草丈も大型。

花は細くて華奢。

花びらには切れ込みがある。

キツネアザミ

狐薊

Hemisteptia lyrata

キク科
越年生１年草
分布：本州・四国・九州
生育地：田畑の周辺、道端
草丈：50 〜 100㎝

花はアザミの蕾のようにも見えるが、これで完成形。キク科・キツネアザミ属の植物。

名前の由来
アザミに似ているがアザミではないことからキツネ（偽者・騙すの意）アザミとなった。

　一見アザミの仲間のように見えるキツネアザミですが、アザミ属ではなくキツネアザミ属の一属一種です。

　細かく枝分かれした茎の先に直径10 〜 20㎜のアザミに似た赤紫色の花をたくさんつけます。

　秋に芽生えた苗はきれいなロゼット状の葉で越冬し、春先にぐんぐんと茎を伸ばし50 〜 100㎝くらいに育って花を咲かせます。

花期は５〜６月。

花はすべて上向きに咲く。

ニガナ
苦菜

Ixeris dentata

キク科　多年草
分布：日本全土
生育地：山野の草地、空き地
草丈：20 〜 40cm

　ニガナのナ（菜）から想像すると、菜っ葉のような大きな葉がついていそうですが、この草の葉は小さく数も多くありません。茎や葉を切るとタンポポのように白くて苦い液が出ます。林縁や草原など日当たりのよい場所ならどこでも普通に見られます。花期は5〜7月で、細い花茎の先に直径1cmほどの黄色い花をつけます。普通5個の舌状花です。

名前の由来　葉や茎に含まれる白い乳液に苦みがあることからこの呼び名になった。

舌状花は5個が基本で先がへこむ。

派手さはないが、群れると見事。

本種の頭花は5枚だが、8〜11枚あるものはハマニガナと呼ばれ区別される。

ナヨクサフジ

弱草藤

別名：ヘアリーベッチ

Vicia villosa subsp. *varia*

マメ科　1年草
分布：日本全土
生育地：道端、草地
つる性

花色は青紫から紅紫色で美しい。時に大群落をつくることがある。

　道端や畑、草地などに生えるヨーロッパ原産のマメ科植物です。在来のクサフジという種もありますが、最近の市街地周辺などではナヨクサフジが優勢のようです。

　似た仲間にヒロハクサフジ、ビロードクサフジ、ツルフジバカマなどがありますが、ナヨクサフジ（→p.240）の花が最も細長く見え、花の反り返った部分より基部の筒の部分が長いのが特徴です。もともと牧草としてヨーロッパより輸入されましたが、マメ科の特徴を生かした緑肥としても利用されます。

名前の由来

フジに似た房状の花をつけ、また、茎が細く弱々しく見えることからこの呼び名になった。

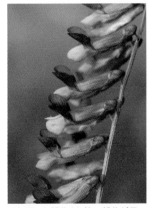

反り返った部分より筒の部分が長い。

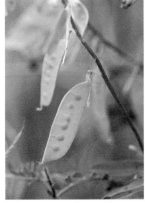

果実は小ぶりなサヤエンドウ。

花色には個体差があり、花の一部が白っぽく見えるものもある。

ヒルザキツキミソウ

昼咲月見草

別名：モモイロツキミソウ

Oenothera speciosa

アカバナ科　多年草

分布：本州、四国

生育地：道端、空き地

草丈：20〜40cm

ナガミヒナゲシと同様に観賞用として輸入されたものが都市部を中心に野生化した。

　薄くて柔らかい花びらは風に吹かれるとすぐに裏返ったり、白バック写真を撮るために茎を切ったりするとすぐにしおれてしまい、見た目どおりに撮るのがなかなか難しい植物です。しかし、その繊細さとは裏腹に非常にしたたかな面も併せ持っています。その証拠に、園芸用に持ち込まれた本種は花壇を抜け出すと急速に野生化し、畑や空き地、道端に大群落をつくることもあります。

名前の由来　ツキミソウが夜咲くのに対し、昼間に咲くツキミソウということからこの名前がついた。

花期は5〜7月。

クサノオウ
草の黄

Chelidonium majus var. asiaticum

ケシ科　多年草
分布：日本全土
生育地：林縁、草地、道端
草丈：30 〜 80㎝

深く切れ込んだ複雑な形の葉と全体に生えた白い産毛が特徴で、この鮮やかな黄色い花からケシ科の植物であることを納得できます。茎を切った時に出る黄色い汁は有毒で、空気に触れるとみるみる赤褐色に変化します。そんな訳で、この草を切って白バックの紙で撮影すると必ずこの汁がついてしまい、撮影のたびに紙を取り換えなければなりませんでした。

花期は5〜6月。

茎を切ると毒性の液が出る。

花は鮮やかな黄色で美しいが全草有毒。特に黄色の乳液の毒性は強い。

名前の由来　茎を折ると黄色い汁が出ることから草の黄色、クサノオウとなった。

林縁に多く自生する。

121

黄色の5弁花には光沢がある。実は金平糖によく似ている。

キツネノボタン
狐の牡丹

別名：コンペイトウグサ
Ranunculus silerifolius
キンポウゲ科　多年草
分布：本州、四国、九州
生育地：溝、田の周辺
草丈：30〜50cm

田や畔や小川の縁などの湿った土地を好むキンポウゲの仲間です。ひょろりと細長い草姿と、まばらな花のつき方のため目立ちませんが、黄色い小さな花の形はキンポウゲの仲間であることを物語っています。

休耕田などに多いケキツネノボタンは近い仲間ですが、毛が多くがっちり密集した感じの株になるので区別できます。どちらも扁平なイガの金平糖のような実をつけますが、キツネノボタンのイガの先は下向きに曲がっています。

小さいけれどキンポウゲの仲間。

実のイガの先は下を向く。

茎は赤みを帯び中空。

田の周辺や小さな流れのほとりなど、湿った場所を好む。花期は5〜7月。

名前の
由来　葉が牡丹に似ているこ
とによる。また、キツネには、
山野を表したり有毒という意
味がある。

ニリンソウ
二輪草

別名：ソバナ
Anemone flaccida
キンポウゲ科　多年草
分布：日本全土
生育地：湿った林床や林縁
草丈：10〜30cm

葉がヤマトリカブトと似ているので、山菜としての利用には注意が必要。

　山の麓のやや湿った林内や林縁に群生することが多く、密生した葉の上に1〜3輪の白い花を花茎を伸ばして咲かせる姿は清々しいものです。この白い花は花弁のように見えますがじつは花弁ではなくがく片で、普通5個からなっています。春の山菜としても知られていますが、利用する葉の形が毒草であるヤマトリカブトによく似ています。花で確認したほうが安全です。

名前の由来
1本の茎から2輪以上の花が咲くことから、一輪草に対し二輪草とした。

緑の葉の上に咲くので、白が鮮やか。

ユキノシタ
雪の下

別名：イワブキ

Saxifraga stolonifera

ユキノシタ科　多年草

分布：本州、四国、九州

生育地：湿った岩地、石垣、道端

草丈：20 〜 40㎝

ユキノシタの天ぷらは山菜料理として有名ですが、全体に毛が多くざらざらしている葉も天ぷらにしてしまえば気になりません。葉にはきれいな模様があり裏は紫色を帯びることが多いのですが、緑色のものもあり、いろいろです。花がまた面白い形をしていて、5枚の花弁のうち下の2枚が大きくて純白、上の3枚は小さくて赤い模様があります。ランナーを出して増えます。

名前の由来　常緑の葉で、雪が積もってもその下に枯れずに葉があることが名前の由来。

花期は 5〜6 月。

湿った半日陰を好む。葉の模様も美しいのでグラウンドカバーにも向く。

スイバ
酸い葉

別名：スカンポ
Rumex acetosa
タデ科　多年草
分布：日本全土
生育地：畦道、野原、土手
草丈：30〜100cm

新芽は山菜として利用されている。ギシギシよりやや小型。

田の畦や草原で平たいロゼット状の葉で冬を越したスイバは、春になると瑞々しい花茎を立ち上げて、やがて新緑の草原に萌える赤い小花のついた花序（かじょ）をつくります。雌雄異株（いしゅ）なので雌花や若い実は鮮やかな赤、雄花の花序はやや黄色っぽく淡い色に見えます。フランスでオゼイユ（英名ソレル）と呼ばれるハーブはヨーロッパ産のスイバのことです。

名前の由来　葉や茎にシュウ酸が多く含まれ、噛むと酸っぱいことによる。

雌花（左）と若い果実（右）はどちらも赤みを帯びる。

雄花は黄色っぽく見える。

ノビル

野蒜

別名：コビル
Allium grayi
ユリ科　多年草
分布：日本全土
生育地：田畑の周辺、道端
草丈：30 〜 80cm

　ラッキョウを丸くしたようなノビルの球根は味噌をつけて食べると、ビールのつまみに最適な初夏の山菜の代表です。5〜6月に長い花茎の先に白い淡紫色の小さな花を十数個咲かせますが、大きな株では花茎の頂上に細い葉と小さな球根をもったミニチュアのノビルをよくつけます。これを珠芽（むかご）といいますが、種子の代わりにこれがこぼれて増えます。

名前の由来

ニンニクの古名を蒜と表記していたことから、野にある蒜、ノビルとなった。

田の畦でつんつんと花茎を伸ばす。

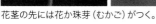

花茎の先には花か珠芽（むかご）がつく。

127

セリ
芹

Oenanthe javanica

セリ科
多年草
分布：日本全土
生育地：田んぼ、溝、湿地
草丈：20〜70cm

春の七草の最初を飾る日本の代表的ハーブの一つ。独特の香りがある。

用水の溝や休耕田などの水の浅いところに、半分水につかるような形で自生しているセリは、特有の香りと歯ごたえでおひたしや汁の物にと、ミツバとともに和食には欠かせない植物です。

夏に白く細かい花を咲かせますが、春の七草の一つとされ、葉は冬から春先に若いものを利用するので、ここでは春の草に入れました。セリ科の植物なので、キアゲハの幼虫が葉を食べているのをよく見かけます。

花期は6〜8月。

春先の若い芽を食用とする。

名前の由来
漢字では芹と書くが、若葉が競り合うようにぐんぐん伸びることからこの名前がついた。

ヤマシャクヤク 山芍薬	ユウゲショウ 夕化粧	ヤナギラン 柳蘭	キンミズヒキ 金水引
クマガイソウ 熊谷草	ママコノシリヌグイ 継子の尻拭い	ハルシャギク 波斯菊	
ミヤマキケマン 深山黄華鬘	ギシギシ 羊蹄	ニッコウキスゲ 日光黄菅	ザクロソウ 石榴草
ミズバショウ 水芭蕉	チガヤ 茅萱	ヒメヒオウギズイセン 姫檜扇水仙	
オドリコソウ 踊子草			ヤマノイモ 山の芋
シャク 芍		ツユクサ 露草	
クサフジ 草藤	夏の草花		ガガイモ 鏡芋
アヤメ 綾目		コニシキソウ 小錦草	
タツナミソウ 立浪草			ホソアオゲイトウ 細青鶏頭
ニワゼキショウ 庭石菖	イヌビユ 犬莧	アレチハナガサ 荒地花笠	
ヤエムグラ 八重葎	ムラサキツユクサ 紫露草	ゲンノショウコ 現の証拠	ジャノヒゲ 蛇の髭
ハナウド 花独活	ウツボグサ 靫草	セイヨウヒルガオ 西洋昼顔	
ヤブジラミ 藪虱	ドクダミ 毒溜	ヒルガオ 昼顔	カヤツリグサ 蚊帳吊草
オオバコ 大葉子	タケニグサ 竹似草	コヒルガオ 小昼顔	
ノアザミ 野薊	ワルナスビ 悪茄子	オオマツヨイグサ 大待宵草	ミソハギ 禊萩
ムシトリナデシコ 虫取り撫子	コナスビ 小茄子	メマツヨイグサ 雌待宵草	
キキョウソウ 桔梗草	ヤマブキショウマ 山吹升麻	ヘクソカズラ 屁糞葛	ヒメツルソバ 姫蔓蕎麦
ネジバナ 捩花	オカトラノオ 丘虎の尾	ヤブガラシ 藪枯らし	
ヒメジョオン 姫女菀	サワギク 沢菊	エノコログサ 狗尾草	ブタクサ 豚草
ハキダメギク 掃溜菊	ホタルブクロ 蛍袋	メヒシバ 雌日芝	
ブタナ 豚菜	ヤマホタルブクロ 山蛍袋	オヒシバ 雄日芝	クサレダマ 草連玉
カラスムギ 烏麦	ダイコンソウ 大根草	スベリヒユ 滑莧	
カモジグサ 髢草	ヤマオダマキ 山苧環	ヤブカンゾウ 藪萱草	オグルマ 小車

ヤマシャクヤク

山芍薬

Paeonia japonica

ボタン科　多年草
分布：本州、四国、九州
生育地：山地の林床
草丈：30 〜 40㎝

山地の樹林下に生育する。茎の先に花径4〜5㎝の白い花を1個つける。

名前の由来　山に生え、花を含めた草姿がシャクヤクに似ていることによる。

　新緑の林床にひときわまぶしい純白の大輪を咲かせるヤマシャクヤクは、まさに山に咲く野生のシャクヤクです。植林や盗掘によって減少したため、環境省のレッドリスト（2007）では準絶滅危惧に登録されています。葉を横に大きく広げた草丈は30 〜 40㎝で、その中心に一つだけ花をつけます。昼開いて夜閉じる開閉を3〜4日くり返しますが、散る前以外はあまり大きく開かないのがふつうです。

1つの葉は3〜7枚の小葉からなり、茎に3〜4枚が互生する。

クマガイソウ

熊谷草

別名：ホロカケソウ
Cypripedium japonicum
ラン科　多年草
分布：北海道、本州、四国、九州
生育地：林床
草丈：20〜40㎝

低山の杉林や竹林に群生するランの仲間。葉は扇状で縦じわが走り、表面には凹凸がある。

草丈は20〜40㎝で群生することが多い。

名前の由来

花の袋状になった部分を、熊谷直実（鎌倉時代の武将）が背中に背負った母衣に見立てたことによる。

　比較的低い山の林床に生育します。茎の途中に向き合ってついた2枚の扇状の葉が特徴的で、その上に伸びた花茎の先に7〜8㎝の花をつけます。花はラン科特有の形をしていますが、唇弁は大きく膨らんだ袋状になっています。この唇弁の形を武士が背負った母衣に見立てて、熊谷直実の名をつけたといわれています。自然状態のものは減ってきており、環境省により絶滅危惧Ⅱ類に指定されています。

ミヤマキケマン
深山黄華鬘

Corydalis pallida

ケシ科　越年草
分布：本州
生育地：山地の林縁、崩壊地
草丈：20〜50cm

後ろに伸びた距が特徴的。

日当たりのよい山地や林縁に生育する。茎の先に多数の黄色い花を密につける。

　近畿地方以北の本州の山地に分布して林縁や礫地、時には道路わきの法面（のりめん）に群生していることもあります。似た花も多く、近畿地方以南から四国、九州にはミヤマキケマンの基本種のフウロケマンが分布しますし、関東以南の平地や海岸沿いにはキケマンが多く見られます。また関東以西の低山には花の色の淡いヤマキケマンが分布しますので、似た花を見かけたら地域も含め調べてみてください。

名前の由来
深山に咲き、花の形態を仏殿に飾る仏具「華鬘」に見立てたことによる。

草丈は20〜50cm。

ミズバショウ
水芭蕉

Lysichiton camtschatcense

サトイモ科　多年草
分布：北海道、本州
生育地：湿地
草丈：20〜80㎝

雪解け後、間もなく開花する。

名前の由来　湿原に生え、大きな葉がバショウの葉に似ていることによる。

湿地のハンノキの林床を埋めつくすミズバショウ。黄色い花はリュウキンカ。

　ミズバショウというと「夏の思い出」の歌を思い出す方が多いのではないでしょうか。私の好きな歌のひとつですし、ここでも夏の花に加えましたが、実際にミズバショウが咲くのは平地では初夏の気候でも山の湿地は雪解け直後の時期で、夏と呼ぶにはちょっと早いかもしれません。本当の夏の時期にはその名の由来の大きな葉が繁っていて、花の時期と同じ植物とは思えないのが実際のところです。

133

シャク

芍

別名：ヤマニンジン

Anthriscus aemula

セリ科　多年草

分布：日本全土

生育地：沢沿い、湿った林縁

草丈：70〜140㎝

山野の湿地に生育し、若い茎や葉は山菜として食用にされる。

　山の湿った場所を好み、5〜6月に70〜140㎝に伸びた、よく枝分かれした茎の先端に、白い細かい花をたくさんつけます。葉も花も細かくてとても繊細な印象があります。繊細といえば、このうえなく繊細な味と香りでフランス料理には欠かすことのできないハーブのセルフィーユ（英名チャービル）は同じシャク属の植物です。シャクのことをワイルドチャービルと呼ぶこともあって、日本でも山菜として利用しています。

和製セルフィーユともいえる繊細な美しさは、セリ科の中でも秀逸。

外側の花びらが大きいのが特徴。

名前の由来　シャクには抜きん出て美しいという意味があり、花姿の美しさからそう呼ばれた。

135

オドリコソウ
踊子草

別名：オドリバナ
Lamium album
シソ科　多年草
分布：日本全土
生育地：林縁、野原
草丈：30〜50cm

山野の半日陰の道端に多く生育する。茎の上部に唇形の花をつける。

　4〜6月頃田畑の土手や林縁などに群生する草丈30〜50cmほどのシソ科の多年草です。茎をとり巻くように外を向いて咲く花は確かに笠をかぶって踊る踊り子の雰囲気です。うっすら紅のかかった花色も艶っぽく、私の好きな花のひとつです。最近ガーデニングに人気がありますが、庭植えのグラウンドカバー用にオドリコソウと同じ属のラミウムの名で多くの外来の園芸種が流通しています。見かけたら葉や花の形を比べてみてください。

対生した葉の上に、茎を取り巻くように花が並ぶ。

これは白い花の群落だが、花色は白から赤紫色まで濃さに個体差がある。

花はハチの背に花粉がつく仕組み。

名前の由来 うすいピンクの花を、花笠をかぶった踊り子に見立てたことによる。

クサフジ
草藤

別名：ウマノアズキ　　分布：日本全土
Vicia cracca　　　　生育地：山野、フェンス
マメ科　多年草　　　つる性

花穂は縦に長くスマートな感じ。

　山野の日あたりのよい草地に他の植物に絡みついて伸び、80 〜 150㎝くらいになります。最近はナヨクサフジ（→p.118）という外来種も帰化していて人里近くではこちらの方がよく見かけるようになりましたが、山野ではまだクサフジの方が多いようです。花の折り返した部分とその後の円筒形の部分の比率がクサフジではほぼ1：1なのに対し、ナヨクサフジでは1：3くらいあるので区別できます。夏の終わりから咲くツルフジバカマ（→p.240）も似ていますが、花色が濃く全体にがっちりした印象で小葉の数が少ない傾向にあります。

他の草に覆いかぶさるように絡んで、紫色の花茎をたくさん立ち上げる。

折り返った部分が約半分の長さ。

名前の由来 花や葉がつる性木本のフジに似ていることによる。

タツナミソウ
立浪草

別名：ヒナノシャクシ
Scutellaria indica

シソ科　多年草
分布：本州、四国、九州
生育地：山野、林縁
草丈：15〜35cm

横から見る花は、名前のとおり波立つ形に見える。白花もある。

　何と美しい名の草でしょう。花を見るとさらにその名に納得がいきます。植物の命名はこうあってほしいものです。

　初夏の丘陵地の林縁などにひっそりと咲いている目立たない草なので、よほど注意して見ないと見逃してしまいますが、その花姿といい、色といい、模様といい、非常に洗練された美しさがあります。波頭のように茎の一方向だけに花をつけます。

名前の由来　花の色、形、模様を寄せてくる波頭に見立ててこの呼び名になった。

シソ科特有の花を片方向につける。

アヤメ
綾目

別名：ハナアヤメ
Iris nertschinskia
アヤメ科　多年草
分布：本州、四国、九州、沖縄
生育地：山の草地
草丈：40〜60㎝

　アヤメはよくカキツバタやノハナショウブと混同されて湿地に生えていると思われがちですが、他の2種とは違ってふつう山野の乾いた草地に自生します。花びらの基部近くに網目模様があるのが特徴で、これが名前の由来にもなっています。アヤメにはクマバチやマルハナバチの仲間などのハチが花の蜜を求めてやってきますが、花びらの網目模様はハチたちに蜜のありかを教える目印と思われます。

名前の由来

外側の花びらの基部に文目（網目模様）があることに由来する。

昆虫は網目模様を目印に飛来する。

山野の乾いた草地に生育する。茎は直立し、高さ40〜60㎝ほど。

141

ニワゼキショウ

庭石菖

別名：ナンキンアヤメ

Sisyrinchium atlanticum

アヤメ科　1年草

分布：日本全土

生育地：畔道、道端

草丈：10〜20cm

芝生から生える姿は凛として存在感がある。花は一日でしぼむ一日花。

名前の由来　庭の芝によく生え、花のたたずまいが菖蒲に似ていることからこの名になった。

芝生や、やや湿った草原に咲くニワゼキショウの花には、赤紫色のものと白色のものがあり、これが交じり合って咲いている様子はとりわけ美しいものです。

草丈が大きいわりに小ぶりな淡い青紫色の花をつけるオオニワゼキショウや、きれいな水色の花のソライロニワゼキショウなど、最近は外来の似た仲間が増えてきました。また、園芸種としても北米産のものがニワゼキショウとして売られていたり、日本名が混乱しています。

花色は赤紫と白の2色。

葉はアヤメに似ている。

花期は5〜6月。

蕾は球形で艶がある。

日当たりのよい芝生に群生することが多い。

143

セリ科特有の白い花は大型で美しい。

ハナウド
花独活

別名：ヤマウド

Heracleum nipponicum

セリ科　越年草

分布：本州、四国、九州

生育地：川岸、湿った土手や林縁

草丈：1〜1.5m

　5〜6月頃、川沿いの土手や林縁などのやや湿ったところに生えて草丈は普通1〜1.5m、大きいものは2mくらいになります。花の一つひとつは数mmと小さいのですが、それが放射状に伸びた柄の先にたくさん咲くので、一つのかたまりは直径20cmを超えるものもあります。草刈り機や除草剤の普及であまり見かけなくなってしまいましたが、明るい緑色の葉と白い花の対比は、新緑の野をひときわ明るく見せるものです。

名前の由来　美しい花を咲かせるウドが名前の由来。

花は外側ほど大きい。

純白の花と緑の葉、茎の紫褐色の対比が美しい。

ヤエムグラ
八重葎

別名：クンショウソウ
Galium spurium var. echinospermon

アカネ科　越年生1年草
分布：日本全土
生育地：道端、藪
草丈：60〜90cm

葉や茎に鉤状の毛が生えていて服によくつき、クンショウソウの別名もある。

　子どもの頃、よく衣服にくっつく植物を相手の服に投げつけて遊んだものですが、その多くはオナモミやイノコズチ、チカラシバなどの実や種でした。しかし、このヤエムグラは実でなくても茎をちぎって服に押しつけると、結構派手にくっつくのでよく使ったものです。茎や葉に細かい棘がびっしり生えているからで、昔の子どもはこうした遊びをとおして雑草の質感まで熟知していたものです。

名前の由来　葉が八重のように輪生し、葎（群生するの意）となることからこの名前となった。

秋から芽生え、春に大きく生長する。

花期は4〜9月。

オオバコ
大葉子

別名：スモウトリグサ、シャゼンソウ

Plantago asiatica

オオバコ科　多年草

分布：日本全土

生育地：農道、畔道、道端

草丈：10〜25cm

オオバコは車前草（しゃぜんそう）ともいって、昔から馬車道などに生える草として知られていますが、今でも、人や車によく踏まれる駐車場とか農道などに多く見られます。踏まれても平気な訳は、葉や茎が非常に強い繊維でできているのが一つの理由といえます。この草の葉の両端を持って引っぱると、丈夫な葉脈の繊維が糸のように現れます。

花茎を引っ掛け合い、どちらが切れないかを競うオオバコ相撲で馴染み深い。

名前の由来　文字どおり葉が大きいこと、また、大きいわりに葉の形が愛らしく見えることによる。

花期は4〜8月。

147

ムシトリナデシコ
虫取り撫子

別名：ムシトリバナ

Silene armeria

ナデシコ科　越年草

分布：日本全土

生育地：人家付近、道端、空き地

草丈：30〜50cm

　その名のとおり一対の対生した葉の少し下の茎に、約1cmくらいの幅で粘液の帯があって虫がくっついてしまいます。とはいえムシトリナデシコも果実を実らせるためには、虫の力を借りねばなりません。ということは、花粉を運んでくれる虫は、空から来て蜜を吸ってくださいということなのでしょう。下から茎を上ってきた虫はくっつけてしまうのです。

名前の由来　葉の下部から出る、ねばねばした粘液に虫がつくことによる。

江戸時代に観賞用として輸入されたものが野生化した。まれに白花がある。

花期は5〜6月。

粘液帯にくっついた虫。

花色は濃桃色、淡紅色が基本。

148

ヤブジラミ

藪虱

別名：ヒッツキムシ
Torilis japonica
セリ科　越年草
分布：日本全土
生育地：山野、藪、道端
草丈：40〜80㎝

名前の由来　果実に小さな棘があり、藪に入って衣服につく様子を虱にたとえたことによる。

　果実が衣服にくっつくのをシラミにたとえたのでしょうが、その形は衣服の害虫のヒメマルカツオブシムシの幼虫によく似ています。初夏の野原や道端で普通に見られるセリ科の植物ですが、同じような場所に生える非常によく似た仲間にオヤブジラミがあります。葉も花も果実もそっくりですが、花弁の縁や果実、茎などが紫がかる傾向があるので区別できます。

野原や道端に群生する。

棘のある果実が7〜8個ずつつく。

白い花の花期は5〜7月。

149

ノアザミ

野薊

別名：アザミ

Cirsium japonicum

キク科　多年草

分布：本州、四国、九州

生育地：山野、田畑の周辺

草丈：50 〜 100cm

田んぼの畦道でよく目にする日本原産の植物。葉に棘がある。

　日本のアザミのほとんどが夏から秋にかけて花を咲かせるなかで、春から夏に咲くのはこのノアザミだけです。冬の厳しい季節を地面に低く伏せながら放射状に葉を広げたロゼットの形で過ごし、春に花茎を立ち上げるのです。赤紫色をした花の直径は約4cmで、昆虫に花粉を運んでもらうため、花に触れると芯が動き花粉をあふれさせます。春早い時期は節間がまだ短くずんぐりした草姿ですが、夏には別種のようにスマートです。

名前の由来　葉に鋭い棘があり、アザム（傷つけるの意）が転訛し、野にあるアザミとなった。

蕾のまわりはべたつく。

花はすべて花びらのない筒状花。

花期は5〜8月。5月から咲き出すアザミはこのノアザミだけ。

ネジバナ
捩花

別名：モジズリ

Spiranthes sinensis var. *amoena*

ラン科　多年草

分布：日本全土

生育地：野原、芝生

草丈：10 〜 40㎝

　初夏の芝生や草原でつんと立った緑の花茎を、ピンク色の可愛い花がきれいならせんを描きながら咲き昇っていく様はとても清々しいものです。しかし、このネジバナがランの仲間だとはあまり知られていないようです。一度ルーペでのぞいてみてください。そこには小さくとも凛としたラン科特有の花を見いだすことができるでしょう。

名前の由来　小さな花がらせん状に咲き、ねじれているように見えることからこの名となった。

花の一つひとつは小さいが、虫眼鏡で花を拡大するとラン科の植物らしくとても艶やか。

花茎は高さ 20〜40㎝。

花期は 4〜8月。

キキョウソウ
桔梗草

別名：ダンダンギキョウ
Specularia perfoliata
キキョウ科　1年草
分布：本州（関東以西）、四国、九州
生育地：道端、空き地
草丈：30 ～ 80cm

　この草も最近街中でよく見かけるようになってきた帰化植物です。街路樹の根元や中央分離帯、駐車場や空き地の片隅に咲く紫色の小さな花はなかなか可憐で美しいものです。しかし、毎年同じ場所に咲くとは限らず、思いがけないところで出会えるのも魅力の一つですが、帰化植物として今後も増えていくかどうかは、まだ未知数といえるでしょう。

名前の由来
花の色と形がキキョウに似ていることから桔梗に似た草、キキョウソウとなった。

アメリカ原産の帰化植物で、花はキキョウに似て美しく愛らしい。

花は下から順に咲いていく。

花期は5～7月。

153

ヒメジョオン
姫女菀

別名：テツドウバナ
Erigeron annuus
キク科　越年生1年草
分布：日本全土
生育地：野原、道端
草丈：30〜150cm

花はハルジオンによく似ているがヒメジョオンの方がやや遅れて咲く。道端でよく見かける。

　ハルジオン（春紫菀。→p.90）とよく混同されるこのヒメジョオン（姫女菀）ですが、こうして漢字で書くとその違いがよく分かります。姿形もよく似ているのですが、ヒメジョオンの方が1ヵ月ほど遅く咲き、蕾もあまりうつむきません。草丈も大きいものではハルジオンの2倍近くにもなります。決定的な違いは茎を切ると中が空洞ではなく、白いスポンジ状のものが詰まっていることです。

名前の由来
姫は小さい、女菀には中国産という意味がある。北米が原産であるが、中国から渡来したと思われこの名となった。

茎の中は白いスポンジ状。

花期は6〜10月と長い。

白い舌状花は真っ直ぐに伸びる。

春から夏にかけて大きく生長し、群落となる。

155

ブタナ
豚菜

別名：タンポポモドキ

Hypochaeris radicata

キク科　多年草

分布：日本全土

生育地：道端、空き地、野原

草丈：25〜80cm

タンポポモドキの別名があるほど花はタンポポにそっくり。ヨーロッパ原産の帰化植物。

この草も最近急に増えてきているヨーロッパ原産の帰化植物です。葉はタンポポに似た形をしていますが、短い毛が多く肉厚です。草丈は25〜80cmで、一見同じキク科のコウゾリナに似ていますが、花の茎に葉がつかないことで見分けられます。

どこにでも生えるしたたかな雑草ですが、群生している様子は美しくなかなか見事なものです。

名前の由来　フランスでの呼び名 Salade de porc（豚のサラダ）の日本語訳が名前の由来。

花期は5〜7月。

花茎がとても長い。

ハキダメギク

掃溜菊

別名：コゴメギク　　分布：日本全土
Galinsoga ciliata
キク科　1年草　　草丈：15 〜 60㎝

花びらは先が3つに分かれる。

花期は6〜11月。

　大正時代に世田谷の掃き溜めで最初に見つかったというハキダメギクは、熱帯アメリカ原産の1年草です。掃き溜めに鶴とまではいかないものの、花をルーペでのぞいてみると、直径5㎜ほどの小さな花ですが、5個の舌状花の先は3つに切れ込んだ洒落た形をしています。とはいえ観賞用にするほどではないし、掃き溜めで見つかるまで、どういう経路で渡来したのでしょうか。

名前の由来　本種が最初に発見された場所が掃き溜め（ごみ捨て場）だったことによる。

157

カモジグサ

髭草

別名：ナツノチャヒキ

Agropyron tsukushiense var. *transiens*

イネ科　多年草

分布：日本全土

生育地：道端、荒れ地

草丈：40〜100cm

細長い穂はムギによく似ている。1mを超えることもある。

　道端や草原などに生えるイネ科の植物です。初夏に灰白色がかった穂を出して目立たない花を咲かせ、麦のような実をつけます。実にある芒と呼ばれる毛は紫色を帯びることが多いようです。同じようなところに生えるイネ科の植物にネズミムギがありますが、これは穂が垂れず上向きのままで芒が短いので区別がつきます。緑色の濃いアオカモジグサもあります。

名前の由来

昔、子どもが若葉を人形のかもじ（添え髪・カツラ）にして遊んだことによる。

小花の断面の様子は、アオカモジグサとの識別点。

芒は長く穂は垂れ下がる。

カラスムギ
烏麦

別名：チャヒキグサ
Avena fatua

イネ科　越年草
分布：日本全土
生育地：畑やその周辺、道端
草丈：60 ～ 100㎝

　イネ科の植物の果実は穎と呼ばれるもの（イネでいうと籾殻）に包まれています。カラスムギでは、その穎から長い芒が2～3本伸びています。まるでバッタが跳ねたようなその形は一度見たら忘れません。よく似ているものにエンバク（マカラスムギ）がありますが、これには芒がほとんどありません。エンバクもカラスムギからつくられたといわれています。

名前の由来 食用にならずカラスしか食べない麦ということが名前の由来。

草丈は 60～100cm くらい。

現在の食用の麦は、野生種のカラスムギを改良したものといわれている。

チガヤ
茅萱

別名：チバナ

Imperata cylindrica

イネ科　多年草

分布：日本全土

生育地：野原、道端、空き地

草丈：30 ～ 80cm

春の若い花穂（かすい）には甘みがあり、食用にされていたこともある。

　群落が見事な草はいろいろありますが、花に色も花弁もないイネ科の植物で、しかも草丈30 ～ 80cmほどの小さな草でありながら、これだけインパクトのあるのはチガヤだけでしょう。荒地や埋め立て地などの地表を一面に覆い尽くしたチガヤの穂は、まさに白い大海原。白い穂を撫でて吹き抜けていく初夏の風が、次々になびくチガヤの穂によって手に取るように見えるのです。

名前の由来

葉が秋に紅葉することから、血のように赤いカヤが名前の由来。

花期は 5 ～ 6 月。

やがて綿毛は風に飛ばされていく。

夏の七草

私の選んだ好きな夏草7種。
「ちがや　ひるがお
　やぶかんぞう　つゆくさ
　どくだみ　みつば　のあざみ
　　　夏を彩る旬の七草」
　　　　　　　　（亀田龍吉）

<ruby>露草<rt>つゆくさ</rt></ruby>

その洒落た形の青い花は、友禅染の下絵を描く染料として利用されます。これだけ真っ青な花は他にあまりありません。

<ruby>白茅<rt>ちがや</rt></ruby>

初夏の草原を白い大海原に変え、風に揺れるチガヤの穂は、初夏の風物詩の一つです。根茎には利尿作用があります。

<ruby>毒溜<rt>どくだみ</rt></ruby>

その臭いとはびこることを大目にみれば、ドクダミほど清楚な花で、薬やお茶としても役立つ植物は少ないでしょう。

<ruby>昼顔<rt>ひるがお</rt></ruby>

秋の七草の朝顔はヒルガオとする説もありますが、ここでは夏の七草に入れてみました。アサガオに劣らず美しい花です。

<ruby>三葉<rt>みつば</rt></ruby>

お吸い物やおひたしでさわやかな香りを楽しめるミツバは、セリとともに日本を代表するセリ科のハーブです。

<ruby>藪萱草<rt>やぶかんぞう</rt></ruby>

畦や土手に、夏の訪れを告げる花の代表がヤブカンゾウやノカンゾウです。春先の新芽は山菜として利用されます。

<ruby>野薊<rt>のあざみ</rt></ruby>

畦や土手で赤紫色の花を咲かせます。アザミの仲間は真夏から秋に咲くものが多く、初夏から咲くのはノアザミだけです。

ギシギシ
羊蹄

別名：ウシグサ
Rumex japonicus
タデ科　多年草
分布：日本全土
生育地：畦道、土手
草丈：40〜100㎝

草丈が1mを越えることもある大型植物で、実は緑から褐色となる。

　まだ緑の葉の少ない春先から縁が波打った大きな葉を広げていたギシギシは、やがて花茎を立ち上げて小さな目立たない花をつけます。それが次第にふくらんで、3つの稜（角張った隆起）のある実をたくさんつけますが、じつはこの実の形が、似た仲間との重要な識別ポイントになります。ここではスペース的に紹介できませんが、ナガバギシギシ、エゾギシギシ、アレチギシギシなどがあります。スイバ(→p.126)も近い仲間です。

名前の由来
茎と茎をこすったり、花穂をしごいて取ったりした時の音がギシギシと聞こえることによる。

実は翼片状。

実の中央にはふくらみがある。

花期は6〜8月。花は長い茎に鈴なりにつく。

ギシギシ人形
　ギシギシの長い葉は丈夫で柔らかく、草花あそびで人形をつくるのに適しています。
　葉を小さい順に重ねて、小枝で留めれば完成です。ぜひつくってみてください。

163

イヌビユ
犬莧

別名：オトコヒヨ
Amaranthus lividus var. ascendens

ヒユ科　1年草
分布：日本全土
生育地：
畑やその周辺、道端
草丈：40〜80cm

本種にはシュウ酸が多く含まれているが、アク抜きをすれば食用になる。

　江戸時代に日本に入ってきたことは分かっていますが、原産地は不明です。近い仲間のヒユは世界の多くの国で葉や種子を食用とするため育てていますが、このイヌビユの葉も食べられます。最近ではよく似たアオビユ（ホナガイヌビユ）を見ることのほうが多くなってきていますが、イヌビユのほうが花穂が短くがっちりしていて、葉の先が大きくへこんでいるので区別できます。

名前の由来

葉も花も食用のヒユに似ていることによる。しかし、食用にしないため犬（役に立たないの意）とつけた。

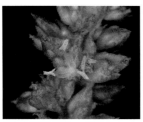

雄花と雌花が混じって咲く。

花穂はあまり長くならない。

ドクダミ
毒溜

別名：ドクダメ
Houttuynia cordata
ドクダミ科　多年草
分布：日本全土
生育地：
道端、空き地
草丈：20 〜 50cm

白い花びらに見えるのは総苞（そうほう）で、花はその上にある黄色い棒状の花序（かじょ）に咲く。

名前の由来
葉に薬効があり、毒や痛みに効く草ということから「毒痛み」となり、それが転訛した。

花期は5〜7月。

　葉を揉むと独特の臭いがすることや、地下茎を伸ばしてはびこることから嫌われることの多いドクダミですが、その薬効は有名です。全草を干したものを煎じたお茶は生活習慣病に、蒸し焼きにした葉はできものの治療に効果があるといわれます。実際、私もアルミホイルに包んで蒸し焼きにした葉を貼って、ニキビの親玉のような腫れものを治したことがあります。また、干すと臭いは消えるのでお茶もくさくはありません。

花のように見える白い部分は、実は花ではなく総苞。

165

ユウゲショウ
夕化粧

別名：アカバナユウゲショウ

Oenothera rosea

アカバナ科　多年草
分布：本州
生育地：空き地、道端
草丈：20〜60cm

　その名のとおり夕方に花開きますが、その花はあくる日の昼まで咲き残ります。オシロイバナの俗称と区別するために、アカバナ科のユウゲショウという意味でしょうか、アカバナユウゲショウという別名もあります。しかし、たまに白い花の個体もあるので、この場合非常にややこしいことになります。道端や造成地などに群生しているのをよく見かけますが、花は小さいものの鮮やかな淡紅色なのでよく目立ち美しいものです。

名前の由来　桃色の美しい花が夕方艶っぽく咲くことから、この呼び名になった。

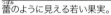

蕾のように見える若い果実。

花びらには目立つ赤い筋がある。

造成地の空き地で見かけた大群落。群れても見事。

167

ママコノシリヌグイ
継子の尻拭い

別名：トゲソバ　　　　　分布：日本全土
Persicaria senticosa　　生育地：湿った草地、溝沿い
タデ科　1年草　　　　　草丈：40〜100cm

花はソバの花に似て可憐だが、茎と葉柄には無数の棘がある。

　昔はお尻を拭くのに荒縄や葉っぱを使ったといいます。しかし、この草で拭かれたらさぞかし痛いことでしょう。茎や葉に先が下向きに曲がった棘がたくさん生えているからです。茎が細く華奢な代わりに、棘で周囲の植物を引っ掛けながら寄りかかり、自分のからだの支えとしているのです。このように植物の棘は、自分の身を守ったり、支えたりする時に役立っているものが多いようです。

名前の由来
茎に鋭い棘がたくさんあり、これで継子のお尻を拭いたという継母のいじめに見立てて名づけられた。

花はソバの花に似ている。

花期は6〜9月。

茎には下向きの鋭い棘がある。

ウツボグサ
靫草

別名：カコソウ
Prunella vulgaris subsp. *asiatica*
シソ科　多年草
分布：日本全土
生育地：山野、山の草地
草丈：10 ～ 30cm

花穂は全体が紫色をしているが、まれに白花も見られる。

　山野や道端の草地などに生える草丈10 ～ 30cm の多年草です。ヨーロッパから日本までほぼ同じ仲間が分布しますが、漢方では夏枯草と呼ばれ、利尿薬や血圧降下薬に、ヨーロッパではセルフヒールのハーブ名で、扁桃炎などの治療に用いられるといいます。6 ～ 8月頃に咲く紫色の花は、シソ科の花の中では比較的大きいほうでなかなかきれいです。シソ科は薬草が多いです。

名前の由来　花穂の形が靫（弓矢を入れる筒）に似ることからこの呼び名になった。

山道の草むらなどでよく見かける。

ムラサキツユクサ

紫露草

Tradescantia ohiensis

ツユクサ科　多年草
分布：日本全土
生育地：人家付近、道端、空き地
草丈：40 〜 100cm

紫の花びらに雄しべの黄が目立つ。

梅雨時に咲くから梅雨草というのは間違い。和名は露草。

観賞用として明治時代に渡来して、現在では人家の近くなどに野生化している北アメリカ原産のツユクサの仲間です。3つの花弁の中心付近にある雄しべの毛は、細胞が1列に並んでいて観察がしやすいために、原形質流動や細胞分裂といった細胞学の実験や放射線による突然変異の実験などに使われます。

花は朝開いて午後しぼむ一日花ですが、毎日新しい蕾（つぼみ）が次々に開きます。2011年3月の東日本大震災に伴う東京電力福島第一原子力発電所の事故の時に、放射線との関係が話題となった植物です。

名前の由来　ツユクサに花の形が似ていることが名前の由来。一日花の儚（はかな）さを露にたとえた。

毎日新しい蕾が開く。花期は 5〜8 月。

タケニグサ
竹似草

別名：チャンバギク
Macleaya cordata
ケシ科　多年草
分布：本州、四国、九州
生育地：山野、崩壊地、道端
草丈：1〜2m

茎を切るとオレンジ色の有毒の乳液が出る。

　タケニグサは崖崩れの跡地や林の伐採地などの空き地に、真っ先に生えてくるパイオニア植物の一つです。

　キクのような形の大きな葉の裏は粉がふいたように真っ白で、茎も白っぽく、草丈は時に2mを超えます。茎を切った時に出るオレンジ色の乳液は、水虫や田虫に直接つけるとよいといわれますが、かぶれる人がいるので注意が必要です。また、有毒なので食べることはできません。

名前の由来　茎が竹のように長く伸び、中空であることから竹に似た草、タケニグサ（竹似草）となった。

葉の表　　　　　　　　　葉の裏

長さ2cmほどの実をびっしりつける。

花期は6〜8月。

キクの葉に似た葉は、大きいものでは30cmにもなる。

173

ワルナスビ
悪茄子

別名：オニナスビ
Solanum carolinense

ナス科　多年草
分布：日本全土
生育地：荒れ地、野原、河川敷
草丈：30〜70cm

黄色いミニトマトに似た実は一見食用になりそうだが、有毒なので注意。

いかにもワルそうな名前ですが、花は白か淡い紫色で、よく見るとなかなかきれいなものです。ではなぜワルかというと、茎や葉に棘があることと、全草にジャガイモの芽にある成分と同じソラニンという毒があり、牛などの家畜に害があることからきているようです。

明治時代に北アメリカから入ってきたと思われる外来植物ですが、今では日本全土で普通に見られます。

名前の由来　ナスの花に似た花が咲き、茎に鋭い棘があり畑に害をなすことから悪い茄子、ワルナスビとなった。

ナスやジャガイモの花に似ている。

花期は6〜8月。

実は熟すと黄色になる。

葉と茎には棘がある。

茎の高さは30〜70cmで、地下茎で繁殖する。

175

コナスビ
小茄子

別名：ヒメナスビ　　　分布：日本全土
Lysimachia japonica　生育地：林縁、道端
サクラソウ科　多年草　草丈：5〜20cm

半日陰の道端に自生し、茎は地面を這い四方に広がる。

　P.230のクサレダマと同じサクラソウ科ですが、こちらは地を這う匍匐性でほとんど立ち上がることはありません。果実がナスに似ているのでこの名がついたようですが、当然ながらサクラソウやクサレダマの果実にもよく似ています。サクラソウはサクラソウ属、クサレダマやこのコナスビはオカトラノオ属です。最近は花の大きい外来の園芸種コバンバコナスビも一部野生化が見られるようです。

名前の由来
果実の形を小さなナスに見立てたことによる。

地を這うように広がり、葉のつけ根に黄色い花をつける。

花の直径は8〜12mm。

サワギク
沢菊

別名：ボロギク
Senecio nikoensis
キク科　多年草
分布：日本全土
生育地：沢沿い
草丈：30〜90cm

名前の由来のボロのような果実。

山野の湿気のある場所に生育する。葉や茎は柔らかく臭気がある。

　沢沿いや池や沼の畔などの湿った所を好むキク科の多年草です。花が小さくて華奢なので目立ちませんが、黄色い細かな花はよく見るときれいなものです。果実が綿毛のように膨らみますが、それがボロのようなのでボロギクの別名があります。このキクの名をもとにした名前にナルトサワギクが、ボロギクを名に含む植物に、ノボロギク、ダンドボロギク、ベニバナボロギクなどがあります。

小さくてもキクらしい形の花。

名前の由来　沢沿いに多く生え、キクの仲間であることによる。

花は地味だが味わい深い。

ヤマブキショウマ

山吹升麻

別名：イワタラ　　　　分布：北海道、本州、四国、九州
Aruncus Sylvester　　生育地：山野
バラ科　多年草　　　　草丈：30〜80cm

山地の草原に生育する。茎が伸び、茎先の葉がまだ開かない若芽は山菜として食用にされる。

　山地の草地や林縁などに自生し、夏季に枝のような花穂に細かな淡黄白色の花をたくさんつけます。雌雄異株なので雌花と雄花は微妙に異なりますが慣れると離れて見ても区別がつきます。しかし似た花は他にもあって、中でもトリアシショウマ（ユキノシタ科）はよく似ています。ショウマ（升麻）とはキンポウゲ科のサラシナショウマの根茎の生薬名ですが、バラ科のヤマブキショウマもユキノシタ科のトリアシショウマも、科が違っても根茎を薬にするものにショウマの名がつけられているのでややこしいところです。

名前の由来
　葉の形が低木のヤマブキに似ていて、ショウマは、根茎が「升麻」という生薬になることによる。

これは雄株で、花穂は雌株より白っぽく華やか。先端は長く尖って見える。

雄しべが密集する雄花は、やや太めで先が尖った感じ。

ひとつの雌花に花柱は3個。雌花穂は棒状に見える。

これは雌株。花穂
は同じ太さでやや黄
色っぽく見える。

垂れ下がる花穂が美しい。花は下から順に咲く。

オカトラノオ
丘虎の尾

別名：トラノオ

Lysimachia clethroides

サクラソウ科　多年草

分布：日本全土

生育地：山野の草地、林縁

草丈：60～100㎝

　丘陵地の日当たりのよい草地などに生える草丈60～100 cmの多年草です。6～7月に咲く白くて小さい花は、動物の尾のような形に茎の先端にびっしりとついて、根元側から順に咲き上がっていきます。その花穂（花序）の形は、一度下に垂れてから先端がまた上向きに反り返る洒落た形をしています。そこについている白い花もきれいなのですが、それから先端へ続く蕾のグラデーションがまた美しいものです。サクラソウ科の植物です。

名前の由来　長い花穂を虎の尾に見立てたことによる。オカは丘の意で丘陵地に生息する。

葉は互い違いにつき、付け根は赤い。

直径7〜8㎜の白い花は5裂。

花の後には丸い果実ができる。

途中から垂れ下がる花序は、まさに動物の尾のように見える。

ホタルブクロ
蛍袋

別名：チョウチンバナ
Campanula punctata
キキョウ科　多年草
分布：本州、四国、九州
生育地：山野、林縁
草丈：30 〜 80cm

釣鐘状の大きな花は美しく、山野草として栽培されることも多い。

　ホタルブクロは地方によって、白っぽい花と赤紫がかった花とがあるようです。また、山地性のヤマホタルブクロは、花色が濃い傾向にありますが、これにも個体差があり、花色だけでこの2種を見分けるのは難しいです。比較的分かりやすい見分け方は、がく片の切れ込んだ部分が反り返り、付属片があるのがホタルブクロ、盛り上がっているだけならヤマホタルブクロといえるでしょう。

名前の由来
花の咲く時期に蛍がたくさん飛び交い、捕まえて花の袋に入れたことによりこの名がついた。

若い葉は山菜として食用になる。

花期は 6 〜 7 月。

ヤマホタルブクロ
山蛍袋

別名：ホンドホタルブクロ
Campanula punctata
キキョウ科　多年草
分布：本州
生育地：
山地の林縁や草地
草丈：30～60cm

がくのつけ根が
膨らむのが特徴。

山地や林縁に生育する。花径は3cmほどで、花色は赤紫色から淡紅色。稀に白花もある。

　ホタルブクロの変種で、山地に多いのでこの名があります。ほとんど同じようですが、花の基部付近のがく片の間の部分が高く盛り上がっているのがヤマホタルブクロ、がく片の間に上に反り返っている付属片があるのがホタルブクロです。どちらも花色は白から赤紫まで変異が多く、花色では区別がつけられません。園芸植物のカンパニュラはヨーロッパ原産の同じホタルブクロ属です。

草丈は30～60cmくらい。

名前の由来　山に生え、蛍を捕まえて花の袋に入れたことに由来する。

183

ヤマオダマキ
山苧環

Aquilegia buergeriana

キンポウゲ科　多年草
分布：北海道、本州、四国、九州
生育地：山野
草丈：30〜70cm

日当たりのよい低山の草地や林縁に生育する。花はランプを吊り下げたように咲く。

　山の草地や林縁に自生し、夏に草丈30〜70cmの茎の先に直径3〜3.5cmの黄色い花を下向きに咲かせます。花の色や形には変異が多くてがく片（花の外側にある先の尖った花びら状の部分）が紫褐色のものが基本ですが、これも花弁と同じように黄色いもの（キバナノヤマオダマキ）や距の先端が内側に巻き込むオオヤマオダマキなどがあります。より高山には青紫色の花を咲かせる別種のミヤマオダマキが自生します。

黄色いキバナノヤマオダマキ。

蕾の時には紫褐色のがく片に包まれ、開花すると黄色い花弁が顔を出す。

名前の由来　山に生え、突起のある花の形が、紡いだ麻糸を空洞の玉のように巻いた苧環（おだまき）に見立てたことによる。

ダイコンソウ
大根草

別名：ゲウム
Geum japonicum
バラ科　多年草
分布：日本全土
生育地：林床や林縁
草丈：30〜80㎝

山地や丘陵、林縁に生育する。葉、茎には柔らかな毛が密生している。

　山野の林床や林縁、道端などでふつうに見られる黄色い花です。遠くから見るとキンポウゲの仲間と花や草姿が似ていますが、近づけば違いは明らか、ダイコンソウはバラ科の植物です。草丈は50㎝くらいで全体に毛があるので触るとざらついた感じがします。いがぐり頭のような果実には鉤（かぎ）があるため、獣や衣服について運ばれます。生薬名を水楊梅（すいようばい）、ハーブ名をハーブベネットといって、洋の東西を問わず薬草として利用されます。

個々の花びらはほぼ円形に見える。

山の道端で出会うことが多い。

名前の由来　ロゼット（根生葉（こんせいよう））の形が、大根の葉に似ていることに由来する。

ヤナギラン

柳蘭

別名：ヤナギソウ
Epilobium angustifolium
アカバナ科　多年草
分布：北海道、本州
生育地：山野の草原や礫地
草丈：1〜1.5m

花弁は4枚、雄しべは8本。

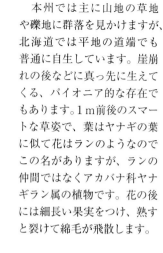

本州では主に山地の草地や礫地に群落を見かけますが、北海道では平地の道端でも普通に自生しています。崖崩れの後などに真っ先に生えてくる、パイオニア的な存在でもあります。1m前後のスマートな草姿で、葉はヤナギの葉に似て花はランのようなのでこの名がありますが、ランの仲間ではなくアカバナ科ヤナギラン属の植物です。花の後には細長い果実をつけ、熟すと裂けて綿毛が飛散します。

日当たりのよい山野に生育する。花茎は長く直立し、濃紫色の花が下から順に咲く。

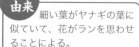

がれ場に群生することも多い。

名前の由来　細い葉がヤナギの葉に似ていて、花がランを思わせることによる。

ニッコウキスゲ
日光黄菅

別名：ゼンテイカ　　　　分布：北海道、本州
Hemerocallis middendorffii　　生育地：山の草原
ススキノキ科　多年草　　草丈：60〜80cm

　本州では主に高原の夏を代表する花として有名ですが、名前にニッコウとついても日光周辺だけにあるわけではありません。各地に自生していて、東北や北海道では低地や海岸付近でも見られますし、関東地方でも低地型の存在が知られています。そんなわけで地域差や個体差も多く、花びらの形や色の濃さ、開花日数などは微妙に異なることがあります。別名をゼンテイカともいって、最近は同属の園芸種が属名のヘメロカリスの名で多く出回っています。

花には個体差があり、これは花びらが細めの個体。

花は朝咲いて夕方にはしぼむといわれるが、実際には翌朝までもつようだ。

名前の由来 栃木県の日光に自生地があること、キスゲは葉の形がスゲに似て、花が黄色いことによる。

189

ハルシャギク

波斯菊

別名：ジャノメソウ

Coreopsis tinctoria

キク科　1年草
分布：日本全土
生育地：野原、空き地、道端
草丈：50〜120cm

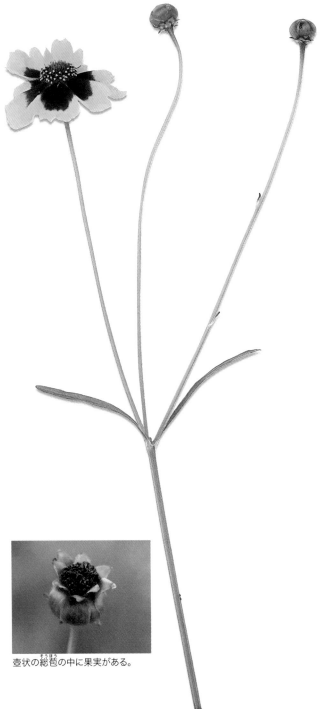

明治時代に渡来したものが野生化した。群生しながら分布を広げている。

　観賞用として輸入されたものが本州から沖縄に帰化している、北アメリカ原産のキク科の植物です。空き地や河川敷などに生え、ときに大群落をつくります。花の外縁部が黄色で中心部が紫褐色が基本ですが、紫褐色だけのものもあり千差万別です。コスモスよりもさらに細身でありながら葉も細いため風にも強く、風になびく群落は見事です。

名前の由来

波斯（ペルシャ）から渡来したとされた、キク科の植物が名前の由来。

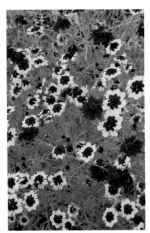

園芸植物なので花色は豊富。

壺状の総苞の中に果実がある。

ヒメヒオウギズイセン

姫檜扇水仙

別名：モントブレチア

Belamcanda x crocosmiiylora

アヤメ科　多年草

分布：日本全土

生育地：人家付近、道端、空き地

草丈：50〜80cm

乾燥させた花を湯に浸すとサフランの香りがする。

　もとはヨーロッパでつくられた園芸植物でヒオウギズイセンとヒメトウショウブの交配によってできたといわれます。今では暖かい地方で野生化していて、人家の周辺などに群生しているのを見かけます。地下茎を伸ばしてその先に球茎をつくって増えていくので、群生しやすいものと思われます。明治中期に渡来したので、古くからある家の庭で見かけることも多いです。

名前の由来

花の鮮やかな朱色から、檜扇（宮中で使われた檜の扇）を連想したことによる。姫は小型の意。

花の中心部は黄色。

暑い盛りに花開く。花期は6〜8月。

アレチハナガサ
荒地花笠

Verbena brasiliensis

クマツヅラ科　多年草
分布：本州
生育地：道端、荒れ地
草丈：80 〜 150㎝

花は小さく目立たないが、花序（かじょ）の先端から次々に咲く様子は美しい。

　荒地や道端などに生える草丈1.5m くらいになる細い茎の草です。四角いその茎の先に淡紫色の小さな花を次々に上に重ねるように咲かせていきます。近い仲間に紫の花がよく目立つヤナギハナガサがありますが、こちらは葉の付け根が茎を抱いているのが特徴です。どちらもクマツヅラ属の植物ですが学名で言ったほうが分かるかもしれません。バーベナです。

　もっと小さめのバーベナの仲間が花壇などを彩るのによく使われています。

名前の由来
埋め立て地をはじめ、荒地に花笠のように咲くことからこの呼び名になった。

小さな花には蝶がよく訪れる。

茎の断面は四角く丈夫な構造。

細いが暑さにも風にも強いたくましい草といえる。花期は6〜10月。

ツユクサ

露草

別名：アオバナ、ボウシバナ
Commelina communis
ツユクサ科　1年草
分布：日本全土
生育地：田んぼ周辺、溝、道端
草丈：20〜50cm

青紫色の花からは鮮やかな色素が取れるので、色水あそびには最適。

　ちょうど蛍の出る頃に咲き始めるツユクサを、蛍と一緒に虫かごに入れた子どもの頃の淡い記憶があります。そのためか、私はホタルブクロ（→p.182）よりもツユクサの方が蛍と結びつくのです。私と同じ理由でか、あるいは黄色い雄しべを蛍の光に見立ててか、蛍草の別名があるそうです。いずれにせよ、デリケートで乾燥に弱い虫かごの中の蛍を、この草の湿気が守ってくれたのは確かではないかと思われます。

名前の由来

朝咲き昼にはしぼむことから、その儚さを露にたとえてこの名がついた。

花期は6〜10月。

3枚の花弁がある。おしべは6本。

コニシキソウ

小錦草

Euphorbia supina

トウダイグサ科　1年草

分布：日本全土

生育地：畑やその周辺、道端

葡匐性

名前の由来

　小さいニシキソウがその名の由来。茎や葉の色の美しさを錦と見立て、小さい錦草、コニシキソウとなった。

花期は6〜9月。

　歩道のアスファルトやコンクリートの隙間から、畑はもとより空き地や駐車場の乾いて固くなった地面まで、過酷な環境をものともせずに生きぬくこの草の強さの秘密は、地面に張りつくように広がるその草姿にあるような気がします。草刈り機では容易に刈り取れないし、もともと平たいので多少踏まれても平気です。きっと夏の高い地表温度にも耐える術ももっているのでしょう。

茎は赤紫色で、20〜30cmほどに広がる。

195

ゲンノショウコ
現の証拠

別名：イシャイラズ

Geranium nepalense subsp. *thunbergii*

フウロソウ科　多年草

分布：日本全土

生育地：野原、畦道

草丈：30〜50cm

白色と赤紫色の美しい花を咲かせ、花後に槍のような実をつける。

　ゲンノショウコは生薬として胃腸によく効き、現に証拠があるということが名前の由来とされます。赤紫色の花をつけるものと白い花をつけるものがあって、赤紫色の花は西日本に、白い花は東日本に多いようです。全草を干したものを煎じて飲むだけでよいので、簡単に民間薬として利用できますが、よく似た葉に有毒なキンポウゲの仲間やトリカブトがあるので、花が咲いている時期に花で確認してから採取するのがよいでしょう。

名前の由来　全草に下痢止めの薬用効果があり、現に効く証拠があることにちなみ、この名がついた。

花期は7～10月。

実は熟すと5裂し、反り返る。

花は美しい5弁花で、花色は白と赤紫の2色ある。

セイヨウヒルガオ

西洋昼顔

別名：ヒメヒルガオ　　分布：日本全土
Convolvulus arvensis　生育地：道端、フェンス、空き地
ヒルガオ科　多年草　　つる性

花が美しく観賞用として輸入されたもの。繁殖力が強く全国に定着している。

　我が国で見られるヒルガオ科の植物の多くは帰化植物ですが、このセイヨウヒルガオもまたヨーロッパ原産の帰化植物で、園芸植物として入ってきたのではないかといわれています。鉄道の敷地内に大群落があることが多くて、車両車庫のまわりでよく見かけるほか、幹線道路沿いの道端や中央分離帯などでもよく見かけます。

　一つひとつの花は白くて小さいのですが花つきがよいので、群落は見事なものです。セイヨウヒルガオ属です。

名前の由来　朝顔に対し、日中に咲くので昼顔となった。セイヨウは西洋。

花はかすかに赤みを帯びた白色。

道路の中央分離帯のコンクリートの隙間からつるを伸ばす。

ヒルガオ

昼顔

Calystegia japonica

ヒルガオ科　つる性多年草
分布：日本全土
生育地：野原、フェンス
つる性

夏の昼間に直径5〜6㎝の薄いピンク色の花を咲かせる。

アサガオは早朝に花開き、陽が当たってくる頃にはしぼんでしまいますが、ヒルガオは朝のうちに咲いた花が午後になっても咲き続けます。

直径5〜6㎝のそのピンクの花は、なかなかきれいなものですが、普通、実はつきません。その代わり地下茎を伸ばして繁茂し、冬に地上部は枯れるものの毎年春には芽を出し、まわりの植物やフェンスなどに絡みつきます。

名前の由来　アサガオは早朝に咲くので朝顔。ヒルガオは日中に咲くので昼顔。どちらも開花時間が名前の由来となった。

花の直径は5〜6㎝。

花期は6〜8月。

コヒルガオ
小昼顔

Calystegia hederacea
ヒルガオ科　つる性多年草
分布：本州、四国、九州
生育地：野原、フェンス
つる性

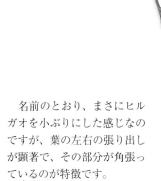

　名前のとおり、まさにヒル
ガオを小ぶりにした感じなの
ですが、葉の左右の張り出し
が顕著で、その部分が角張っ
ているのが特徴です。
　花柄にひれ状のひだがあ
るのもヒルガオには見られな
いことなのですが、最近は中
間的な特徴をもつヒルガオと
の雑種も増えているようです。
どちらに同定すべきか迷う個
体が多くて悩まされます。

名前の由来
　名前の由来はヒルガオ
同様。ヒルガオより花が小さ
いためコヒルガオ（小昼顔）と
なった。

花の直径は3〜4cm。

花期は5〜8月。

オオマツヨイグサ
大待宵草

別名：ツキミソウ

Oenothera glazioviana

アカバナ科　2年草
分布：日本全土
生育地：空き地、道端
草丈：1〜1.5m

花が大きく美しいため、明治初期に観賞用として輸入された。

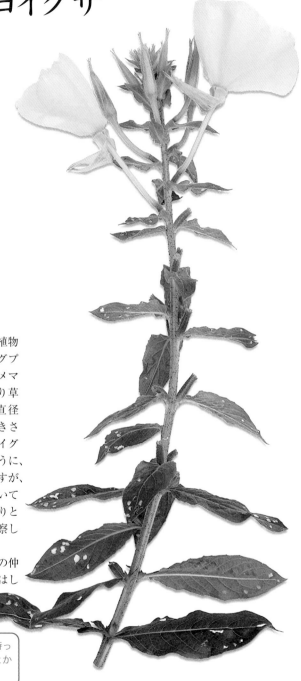

ヨーロッパ原産の帰化植物で、ハーブ名をイブニングプリムローズといいます。メマツヨイグサ（→p.204）より草丈は低めですが、花は直径6〜8cmと倍以上の大きさがあります。他のマツヨイグサの仲間の多くと同じように、夕暮れと同時に花開きますが、花が大きいだけにその開いていく様は肉眼でもはっきりと分かります。ぜひ一度観察してみてください。

　花は夜の間に訪れるガの仲間によって受粉し、朝にはしおれます。

名前の由来
昼間咲かず、宵を待って咲く大きな花ということからこの呼び名になった。

花は夕方開き、ガの飛来を待つ。

花は朝しぼんでも赤くならない。

茎には上向きの毛が生えている。

果実は上向きの円筒状。

これは朝の花の状態だが、日が当たりだす頃にはしぼんでしまう。

メマツヨイグサ
雌待宵草

別名：アレチマツヨイグサ

Oenothera biennis

アカバナ科　越年生1年草

分布：日本全土

生育地：野原、空き地

草丈：50〜150cm

「富士には月見草がよく似合う……」のように、メマツヨイグサやその仲間の呼び名には、ヨイマチグサ（宵待草）、ツキミソウ（月見草）などがあります。それぞれ夏の宵に花開くこの仲間の特徴を、情感を込めて表現したよい名前だなと思います。

しかし、植物学的にはマツヨイグサというのが正しく、この草の名もそれにメ（雌）をつけたものです。

名前の由来
花が昼間咲かず宵を待って咲くことからこの名がついた。また、花が小さく雌しべの先が長いことから、マツヨイグサと区別するため雌待宵草（メマツヨイグサ）となった。

北米原産の帰化植物で荒地を好む傾向がある。別名アレチマツヨイグサ。

実の長さは2cmほど。

花期は7〜9月。

ヘクソカズラ

屁糞葛

別名：ヤイトバナ、サオトメバナ
Paederia scandens
アカネ科　多年草
分布：日本全土
生育地：フェンス、道端
つる性

　葉っぱも実も手で揉むと確かにくさいのですが、白地に中心が紅い可愛らしい花を見るたびに、この名前はかわいそうだなと思います。そう思う人は他にもいるのか、ヤイトバナ、サオトメバナという別名もあります。ハーブのコリアンダーは、実が緑色のうちはくさいのですが、茶色く熟すと芳香に変わります。しかし、ヘクソカズラは熟してもくさい臭いは残ります。

名前の由来
葉やつるをこすったり、実をつぶすと悪臭が漂うことからこの名前となった。カズラとはつる性の植物のこと。

葉や茎に悪臭はあるが、中心が濃いピンクの白花は小さくとても愛らしい。

つるを伸ばしフェンスなどに絡みつく。

花期は7〜9月。

実にも悪臭がある。

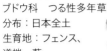

ヤブガラシ
藪枯らし

別名：ビンボウカズラ

Cayratia japonica

ブドウ科　つる性多年草

分布：日本全土

生育地：フェンス、
道端、藪

つる性

蜜の出る小さな花をたくさんつけるため、蝶や蜂がよく訪れる。

名前の由来　低木をあっという間に覆い尽くすほど生命力が強く、藪まで枯らしてしまうことにたとえこの名がついた。

つる性の植物はたいてい生長が早く、生命力にあふれているのですが、このヤブガラシも例外ではありません。土の中を縦横に伸びた地下茎から赤紫色の芽を立ち上げたかと思うと、あっという間に周囲のものに絡みつき、覆い尽くしてしまいます。地上部を取り去っても地下部が残っていれば何度でも芽を出してきます。花を観察するとブドウの仲間であることは納得できますが、ブドウのような液果はなりません。

人には雑草でも、蜂や蝶にとっては大事な蜜源植物ですし、葉はスズメガの仲間の食草となります。

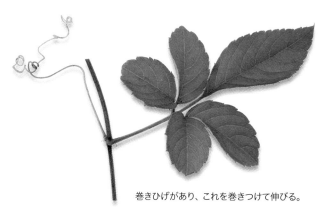
巻きひげがあり、これを巻きつけて伸びる。

生長がとても早く、木を覆い尽くし枯らすこともある。

雌しべの基部から蜜を分泌する。

花期は6～9月。花の直径は5mm。

207

エノコログサ

狗尾草

別名：ネコジャラシ

Setaria viridis

イネ科　1年草
分布：日本全土
生育地：道端、空き地
草丈：20〜70㎝

ネコジャラシの別名があるように、大きな穂に猫がよくじゃれつく。

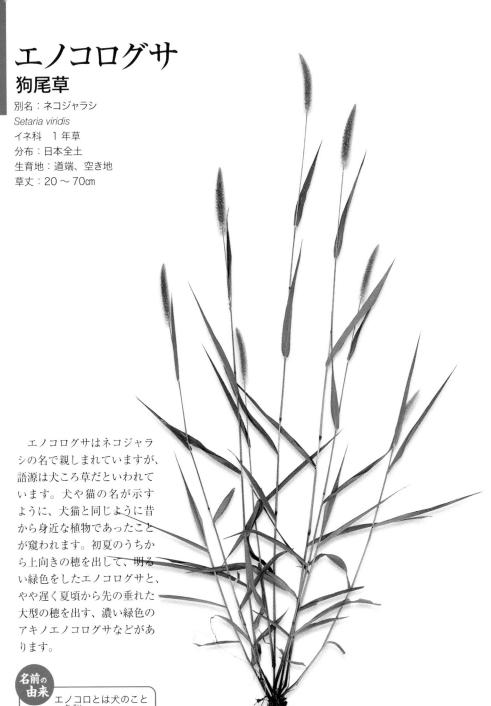

　エノコログサはネコジャラシの名で親しまれていますが、語源は犬ころ草だといわれています。犬や猫の名が示すように、犬猫と同じように昔から身近な植物であったことが窺われます。初夏のうちから上向きの穂を出して、明るい緑色をしたエノコログサと、やや遅く夏頃から先の垂れた大型の穂を出す、濃い緑色のアキノエノコログサなどがあります。

名前の由来　エノコロとは犬のことを指し、花穂(かすい)を犬の尻尾に見立て、この名前がつけられた。

208

草花あそびの素材に最適。

長い花穂にはたくさんの毛がある。

アキノエノコログサ。花期は8〜10月。ブラシ状の花穂が垂れ下がる。

キンエノコロ

　日当たりのよい道端や空き地に群生します。茎の高さは50〜60cmほどでエノコログサの仲間では最も小さい種類です。花穂は直立します。穂が金色であることがキンエノコロの名前の由来です。

　キンエノコロの仲間には、コツブキンエノコロ（小粒金狗尾）があり、こちらは名前のとおり花穂が短いのですぐに区別できます。

晩秋の花穂は美しい。

花期は8〜10月。

オヒシバ
雄日芝

別名：チカラグサ
Eleusine indica
イネ科　1年草

分布：本州、四国、九州
生育地：畑やその周辺、道端
草丈：30〜60cm

メヒシバと比べて茎が強く丈夫で、大人の力でも引きちぎることは難しい。

　オヒシバは乾燥にも踏みつけにも強いイネ科の草です。太くて丈夫な穂は、メヒシバとの一番の判別点ですが、穂がない時期でも、丈夫で平たい茎と白っぽいその色で、見慣れると簡単に区別できます。

　別名のチカラグサも、丈夫なこの草を抜いたり引きちぎるのに力が要るところからきているのかもしれません。

名前の由来

日当たりのよい場所を好む、芝のような草が名の由来。メヒシバに対し強健で男性的なところから雄日芝（オヒシバ）となった。

花茎は高さ30〜60cm。花穂は3〜6本。

花期は8〜10月。

メヒシバ
雌日芝

別名：メイシバ
Digitaria ciliaris
イネ科　1年草
分布：日本全土
生育地：畑やその周辺、道端
草丈：30 〜 70cm

花はオヒシバよりも繊細で、草花あそびの花かんざしとして有名。

オヒシバと同じようにどこにでも生えますが、オヒシバよりやや湿り気がある土を好むように思えます。葉が薄めで華奢なせいかもしれません。広い場所では花穂（かすい）が立ち上がるまでは横に這い広がる傾向が強く、茎が丸く細いことと、紫がかることが多いなどの点で、花穂がなくてもオヒシバと区別できます。また、小さくても花穂の数が少ない半日陰を好むヒメメヒシバという種もあります。

名前の由来
名前の由来はオヒシバ同様。オヒシバに対し、繊細で女性的なところから雌日芝（メヒシバ）となった。

花穂は4〜8本。

花期は7〜10月。

花茎は高さ30 〜 70cm。

211

ヤブカンゾウ

藪萱草

別名：ワスレグサ
Hemerocallis fulva var. kwanso
ユリ科　多年草
分布：本州、四国、九州
生育地：田の畦、土手
草丈：40 〜 80cm

雑草と呼ぶにはおしいほど、花は大きく美しい。近縁種にあたるニッコウキスゲは有名。

　初夏の土手や畦道にオレンジ色の八重の花をつけ、風に揺れているヤブカンゾウの花は、本格的な夏の訪れを告げてくれる花でもあります。花が一重咲きのノカンゾウもありますが、どちらも春先の若芽は山菜として、茹でておひたしなどにして親しまれています。ニッコウキスゲ（→p.188）やユウスゲなども同じヘメロカリス属に含まれ、最近は外来の園芸種もヘメロカリスの名で売られています。

名前の由来

別名ワスレグサとあるように、カンゾウのカンの字は萱（わすれる）に由来する。藪に咲くこの花の美しさに憂さも忘れるという。

若い芽は食用になる。

花期は 7 〜 8 月で八重咲き。

田んぼの畦道などに群生する。

スベリヒユ

滑莧

Portulaca oleracea

スベリヒユ科　多年草
分布：日本全土
生育地：畑やその周辺、道端
草丈：3 〜 30㎝

食べられる草として有名で、おひたしにするととてもうまい。

　スベリヒユは夏の暑さや乾燥にも負けずに、畑や空き地に多肉質の葉をつけた茎を広げる夏の代表的な雑草です。一見どうしようもない草のようですが、パースレインというハーブ名をもち、南仏のプロヴァンス地方などではサラダの材料としてマルシェ（市場)で売られています。

名前の由来

茹でると粘液が出て滑ること、また莧には小さく愛らしいという意味があることからこの名となった。

花期は 7 〜 9月。早朝に咲く。

多肉質の葉と茎が地面を這うように広がる。

213

キンミズヒキ
金水引

別名：ヒッツキムシ

Agrimoia pilosa var. *japonica*

バラ科　多年草
分布：日本全土
生育地：山野の草地、林縁
草丈：30〜80cm

　キンミズヒキとはいっても
ミズヒキ（→ p.308）とはまっ
たく違う植物です。ちなみに
ミズヒキはタデ科ですがキン
ミズヒキはバラ科です。長い
茎に並んだ小さな黄色い花は、
やがて小さな鉤状の棘をつけ
た実になりますが、これが動
物や人の衣服にくっついて移
動散布されることになります。
ヨーロッパではアグリモニー
と呼ばれるハーブです。

名前の由来
金色に輝く穂を熨斗袋
に付ける水引に見立てたこと
による。

黄色い花は直径 7〜10mm。

黄色い花が目立つ。花期は7〜10月。

ザクロソウ
石榴草

Mollugo Stricta
ザクロソウ科　1年草
分布：本州、四国、九州

生育地：畑やその周辺、道端
草丈：5～25cm

畑や道端でごく普通に見られる草ですが、地味なので気にも留められないことがほとんどでしょう。

直径3mmほどの小さな花には花弁がなくて、花弁のように見えるのは5枚のがく片です。名前の由来は葉がザクロの葉に似ているからといわれていますが、私には花の後にできる果実が小さなザクロの実のように見えるのですが、どうでしょうか。

小さな果実はザクロのよう。

名前の由来
葉の形や果実が熟して裂ける様子がザクロに似ていることが名前の由来。

花期は7～10月。

ヤマノイモ
山の芋

別名：ジネンジョ
Dioscorea japonica
ヤマノイモ科　多年草
分布：本州、四国、九州
生育地：山野の林内、林縁
つる性

つる性植物で地上部が枯れると、地下に60㎝ほどの細長い芋ができる。

　いわゆるジネンジョと呼ばれるもので、山野に普通に生えるつる性の植物です。子どもの頃、毎年秋も深まると山へ出かけてはヤマノイモを掘ったのを思い出します。
　葉が黄葉したり、独特の3つの翼をもった果実などから慣れれば見つけるのは容易なのですが、生えている場所によってはきれいに芋を掘り出すのが難しく、途中で切れてしまったり、傷つけてしまい悔しい思いをしたことが思い出されます。

名前の由来
　栽培種の里芋に対し、山野に自生する芋、山芋が名前の由来。

葉の裏

葉の表

子どもの頃、実を鼻につけて遊んだ。

雌花序は垂れ下がる。

雌雄異株で、このように雄花序は立ち上がる。花期は7〜8月。

ガガイモ

鏡芋

別名：クサワタ
Metaplexis japonica
ガガイモ科　多年草
分布：日本全土
生育地：野原、道端、フェンス
つる性

果実は大型の紡錘形で、実の中に綿毛に似た種子ができる。

　ケサランパサランという謎の生物の話を聞いたことがあるでしょうか。その正体がこのガガイモの種だといわれています。ガガイモの名も地下にある地下茎のことではなく、まるでイモのような果実の形からきたという説もあります。そのイモのような袋果という果実の中に長い毛のついた種があり、熟すと風に運ばれて飛んでいきます。その直径は7〜8㎝もあります。

名前の由来
　ガガはカガミが転訛したもの。種子が鏡のように光ることによる。また、果実が大きいのでイモと名づけた。

花は淡紫色で白い毛があり、茎葉は切ると白い汁が出る。

つる性で垣根や他の植物にからむ。

ホソアオゲイトウ
細青鶏頭

別名：ホナガアオゲイトウ
Amaranthus hybridus

ヒユ科　1年草
分布：日本全土
生育地：畑やその周辺、荒れ地、道端
草丈：1〜2m

　明治時代に日本に入ってきたといわれる南アメリカ原産の大きな草です。その名のとおり細くて長い花穂（かすい）を上へ上へと伸ばし、大きいものでは2mにもなります。荒地や畑、道端などに多く、群生しているのをよく見かけます。時おり茎や花穂が赤みを帯びたものがありますが、色がつくとよりケイトウらしく見え、園芸種のケイトウと同じ仲間であることが納得できます。

花期は7〜11月。

明治時代に渡来した大型の帰化植物。草丈が2mを超すものもある。

名前の由来　緑色の花序が鶏頭（ニワトリのとさか）に似ていることからこの呼び名になった。

219

ジャノヒゲ
蛇の鬚

別名：リュウノヒゲ
Ophiopogon japonicus
ユリ科　多年草
分布：日本全土
生育地：林床や林縁
草丈：10〜20cm

　別名リュウノヒゲともいいますが、蛇には鬚がありませんから、リュウノヒゲのほうがいいような気もします。花は白か淡紫色で夏に咲きますが、晩秋から冬に実る果実の碧色は見事です。固くてよく弾むので子どもたちは投げつけて遊んだり、よく熟した実をヤツデの実のように竹鉄砲に詰めて弾にしたりしたものです。穴とうまく合えばヤツデより強力でした。

名前の由来
　尉の鬚（ジョウノヒゲ）が転訛したもの。尉とは翁の能面のことで、線状の葉を能面の鬚に見立てた。

細長い葉は常緑で夏に白い花をつけ、秋には青い実がなる。

葉の奥で冬に色づく果実は鮮やかな碧色。

花期は7〜8月。

ミソハギ
禊萩

別名：ボンバナ
Lythrum anceps

ミソハギ科　多年草
分布：日本全土
生育地：田の畔、池畔、湿地
草丈：50 〜 150㎝

　お盆の頃の田の畔道など
に、赤紫色の花茎を林立させ
て咲くミソハギは、盛夏を代
表する花の一つです。千葉県
あたりではお盆の迎え火や送
り火の時に、花穂をコップな
どの水につけては、「お水飲
み飲み」の声とともに、それ
を火の上で振って水を散らし、
「お米食べ食べ」の声とともに
米を火に散らし入れるのです。
こうして水を飲みお米を食べ
ていただきつつ先祖の霊を迎
え、送るわけです。

名前の由来　祭事の禊に使ったこと
からミソギハギと呼ばれ、後
に転訛した。ハギはハギの花
に似ていることによる。

田の畔などにお盆の頃咲く。

花期は 7 〜 8 月。

221

カヤツリグサ
蚊帳吊草

別名：マスクサ
Cyperus microiria
カヤツリグサ科　1年草
分布：本州、四国、九州
生育地：畑やその周辺、道端
草丈：30〜50cm

花茎を逆さに吊るすと線香花火のように見え、とても風情がある。

　蚊帳を見ることもなくなってしまった今の子どもたちには、カヤツリグサといってもピンとこないことでしょう。休耕田や湿った草原に群生するこの草は、茎を根元近くで切って逆さに持つと、まるで線香花火のようで、子どもの頃よく遊んだものです。その茎を切った時、切り口が三角なのもとても不思議でした。

名前の由来
茎の両端を引き裂いてできた四角形を蚊帳を吊ったように見立てて名づけられた。

茎は高さ30〜50cm。

花期は7〜9月。

茎の断面は三角形。

ガマ
蒲

別名：ヒラガマ
Typha latifolia

ガマ科　多年草
分布：日本全土
生育地：湿地、水辺
草丈：1.5 ～ 2m

「因幡の白兎」伝説に出てくるガマのことで水辺に生える。穂は雌花の集合体。

　湿地に生えたやや細身のアメリカンドッグといった感じのガマの穂ですが、神話で因幡の白兎が大国主命に教えられて傷を癒やすのに使ったといわれるのが、このガマの穂です。実際に現在の漢方薬にガマの仲間の花粉を蒲黄と呼んで使うそうです。これには止血作用があって外傷や火傷に効くそうですから、大国主命は薬草の知識も豊富であったようです。

葉の断面は三角形をしている。

穂の色はガマの仲間で最も濃い。

名前の由来
カマが転訛したもので、カマには材料という意味がある。昔、ガマの葉を編んで蒲団にしたといわれている。

223

ヒメツルソバ

姫蔓蕎麦

別名：カンイタドリ

Polygonum capitatum

タデ科　多年草

分布：本州、四国、九州、沖縄

生育地：道端、石垣

草丈：5～20cm

つぶつぶで丸みのあるピンクの花は、遠目に実のように見える。

　もとは園芸植物として渡来したものが野生化して、本州から沖縄まで分布するようになりました。中国南部からヒマラヤが原産地で、地を這うように伸びて広がっていくたくましさをもっています。

　人家の周辺の石垣やコンクリートやアスファルトの隙間にも根を下ろし、最近ではグラウンドカバー用に植栽されているのか、都内の歩道わきの植え込みなどでも大きな群落を見ることがあります。暖かい地方の海岸には近い種類のツルソバが見られます。

名前の由来
花がソバに似て、つる性であること。また、ツルソバより小型なので姫の名がついた。

葉には紫褐色の模様があり、花茎の先に金平糖のような花をつける。花期はほぼ一年中。

花はあまり大きく開かない。

225

ブタクサ
豚草

Ambrosia artemisiifolia

キク科　1年草
分布：日本全土
生育地：野原、道端
草丈：30～120㎝

夏から秋に花を咲かせ、花粉は秋の花粉症の代表的アレルゲンとされる。

最近はいろいろな花粉にアレルギー反応を示す人が増えているようですが、このブタクサも夏から秋にかけての花粉症の原因の一つといわれています。

花弁をもたない小さな花は目立ちませんが、下向きに咲いた雄花から黄色い花粉がたくさん飛び散ります。雌花は少し下の葉腋（ようえき）に白っぽい雌しべだけのような形でつきます。

名前の由来　英語名のホッグウィード（豚の草）を単純に翻訳したのが名前の由来。

1mほどの茎に花が密集して咲く。

花期は7～10月。

夏は日差しも強く葉や茎も硬く丈夫になってくるので、食べやすい草も限られてきます。その分、実や根も太ってきますから葉や茎以外を食べる楽しみは増してくるでしょう。

蔓菜 つるな

スーパーでも売っている栄養野菜。塩茹でして水にさらし、おひたしやあえ物に。ニュージーランドスピナッチとして欧州でも利用。

赤座 あかざ

アカザもシロザも食べられます。ホウレンソウと近縁で、栄養価もホウレンソウ以上といわれます。茹でてから何にでも調理できます。

苗代苺 なわしろいちご

初夏は草や木のイチゴの季節でもあります。田植えの頃に実をつけるこのイチゴもその一つ。ジャムもいいですが、生食が一番。

和蘭陀辛子 おらんだがらし

洋食の付け合わせに欠かせないクレソンのことです。生食も可ですが、野生のものはよほどの清流でないかぎり加熱が必要です。

野蒜 のびる

その名のとおり野原のニンニクです。若芽を炒めたり、何といっても地中の白い鱗茎を掘り起こし、味噌をつけるのが一番。

滑莧 すべりひゆ

地中海沿岸ではパースレインの名で売られています。茹でるとぬめりが出て、酢の物に合います。シュウ酸があるので食べ過ぎないこと。

浜防風 はまぼうふう

刺し身に添えるつまとして有名ですが、早い時期に砂に埋まっている若い芽が食べやすいでしょう。セリ科独特の香りが味わえます。

オグルマ
小車

Inula japonica

キク科　多年草
分布：日本全土
生育地：湿地、田の畦
草丈：30〜60cm

湿地や田んぼの畦に自生する。茎の先に花径3〜4cmの黄色の頭花を1つずつつける。

　田の畦や日あたりのよい湿った草地などで、7〜10月頃に草丈30〜60cmほどに育って黄色いキクのような花を咲かせます。最近は田の畦やその周辺も除草剤などが使われるようになり、あまり見かけなくなりました。黄色い花にハチやチョウが集まる風景はのどかで心安らぐものなので、さびしいかぎりです。よく似た花にやや乾燥した草地に生えるカセンソウがありますが、こちらは花びらが寝ぐせのように乱れる傾向があるのが特徴です。

茎は直立して上部で枝分かれし、直径3〜4cmの花を上向きに咲かせる

細い花びらが整然と並ぶ。

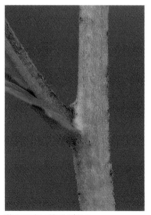

茎には白い軟毛がある。

名前の由来　黄色い花を金色の小車（牛車）に見立てたことによる。

葉は長さ5～10cmで互生する。

クサレダマ
草連玉

別名：イオウソウ　　　分布：北海道、本州、九州
Lysimachia vulgaris　　生育地：湿地
サクラソウ科　多年草　　草丈：40〜80cm

　カタカナで書かれた名前だけを見ると「腐れ玉」かと思いますが、正しくは「草レダマ」で、マメ科の木であるレダマに似た草というのが由来です。山野の湿地や沼の畔（ほとり）などに生える草丈40〜80cmの多年草で、7〜8月頃に直径1.5cmほどの黄色い花をたくさんつけます。サクラソウ科の黄色い花には他にコナスビ（→ p.176）がありますが、茎の直立と匍匐（ほ）、花の多数と少数など正反対な形態でありながらどこか似ています。

名前の由来
黄色い花の咲く、マメ科の樹木「連玉（レダマ）」に似ていることによる。

山野の湿地に生育する。花茎は分枝せず直立し、高さ40〜80㎝となる。

夏の湿地に黄色い花が際立つ。

合弁花（こうべんか）の先は5深裂する。

チダケサシ

乳蕈刺

Astilbe microphylla
ユキノシタ科　多年草
分布：本州、四国、九州
生育地：湿った草原
草丈：40〜80cm

昔から人々は山や川へ行って獲物や収穫があった時には、その場にある物や生えている木や草を利用して運びました。獲った魚を笹の枝に通したようにキノコ（ここではチチダケ）を採った時、ちょうどその頃長い花茎を伸ばして咲いているこの草の茎に刺して運んだのがチダケサシの名前の由来です。野生種もピンク色のきれいな花ですが、属名のアスチルベの名で多くの園芸種が売られています。

山野の湿った草地に生育する。花茎は直立し高さ40〜80cmほど。

花穂は小さな花の集合花。

名前の由来　山で食用キノコの乳蕈（チチダケ）を採ったとき、この草の茎に刺して持ち帰ったことに由来する。

真っすぐに伸びた花茎が特徴的。

コバギボウシ
小葉擬宝珠

Hosta albo-marginata

キジカクシ科　多年草
分布：日本全土
生育地：山の湿った草地
草丈：30 〜 40cm

日当たりのよい湿地に生育する。花茎は高さ30〜40cmで花は少ない。

　山野の湿った草地に生育し、草丈は30〜40cmで淡紫色〜濃紫色の花を横向きやうつむき加減につけます。全体に大きめで幅広の葉のオオバギボウシは、草丈1m近くになるものもあってやや乾きぎみの環境にも生育します。どちらも山菜としてウルイの名で親しまれていますが、お浸しやぬたなどで食べるほか、茎は茹でてから乾燥させ保存食の山干瓢にします。有毒のバイケイソウと間違えないよう注意が必要です。

湿った草原を好む傾向がある。

花の長さは4〜5cmほど。

名前の由来
蕾が橋の欄干の擬宝珠（ぎぼうしゅ）に似て、同属のギボウシより葉が小さいことによる。

イヌゴマ
犬胡麻

別名：チョロギダマシ
Stachys riederi

シソ科　多年草
分布：日本全土
生育地：湿地、水辺の草地
草丈：40〜70cm

名前の由来 実がゴマに似ているが、食べられないことからイヌ（劣るという意）をつけた。

湿った草地に多く自生する。茎の断面は四角形で、下向きに棘が生える。

　山野の湿った草地に生えるシソ科の植物で、草丈は40〜70cmで7〜9月頃茎の先端に淡紅紫色の花を総状につけます。他の草に混じって群生する様子はきれいなものです。同じシソ科で地下茎をお正月の御節料理などに使うチョロギとよく似ているので、チョロギダマシの別名もあります。シソ科なので茎の断面は四角形で下向きの細かい棘があり、葉も含めて全体がざらざらした質感です。

花には紅紫色の斑点がある。

湿った草地に群生することが多い。

233

ヤマハハコ
山母子

別名：ヤマホウコ

Anaphalis margaritacea

キク科　多年草

分布：北海道、本州

生育地：山地

草丈：30〜70cm

日当たりのよい山地の草地に生育する。葉は厚く、長い白い毛が密集する。

池の日当たりのよい草地や崩壊地などに群生する草丈30〜70cmほどのキク科の多年草です。ハハコグサ（→p.62）というよりはエーデルワイス（ウスユキソウの仲間）を大きくしたような感じで、茎の先端に咲く黄色い花を囲む白い花びら状の総苞片が目立ちます。この総苞片はドライフラワーのような乾いた感触が特徴的です。若芽や若葉はあく抜きして山菜としても利用できます。雌雄異株です。

頭花はドライフラワーのよう。

山の崩壊地などに群生する。

名前の由来　山に生え、葉の産毛が母が子を包んでいるように見えることによる。

ハンゴンソウ

反魂草

別名：タツミアガリ
Senecio palmatus
キク科　多年草
分布：北海道、本州
生育地：山地の林縁
草丈：1〜2m

茎上部で枝分かれして花をつける。

名前の由来
昔、供花に用いられたことから、死者の魂を呼び戻す草の意。

花びら（舌状花）は5個くらい。

山地のやや湿った草地や林縁に自生する、草丈2mにもなる大きなキク科の多年草です。よく似た花にキオンがありますが、こちらは草丈がせいぜい人の胸ほどの高さで、葉は切れ込まないので区別できます。またオオハンゴンソウは葉の形はハンゴンソウとよく似ていますが花は直径7〜8cmと大きくて集合して咲くことはありません。夏の山野で背の高い黄色い花を見つけたら思い出してください。

オタカラコウ
雄宝香

Ligularia fischeri

キク科　多年草
分布：本州、四国、九州
生育地：山の湿地、沢沿い
草丈：1〜2m

山地の渓流沿いや林縁の湿地などに生える大形のキク科植物です。フキに似た丸く大きな葉と高く伸び上がった長い花穂が特徴で、この花穂の下の方から上へと順番にツワブキのような黄色い花を咲かせます。よく似たものにメタカラコウがありますが、こちらは頭花の舌状花が1〜3個と少ないので区別できます。どちらもチョウやハチが吸蜜に集まります。

名前の由来　根茎の香りが龍脳香（宝香）に似て、同属のメタカラコウより花が大きいことに由来する。

山地の谷川沿いや湿った草地に生育する。大形で花茎は高さ2mに及ぶものもある。

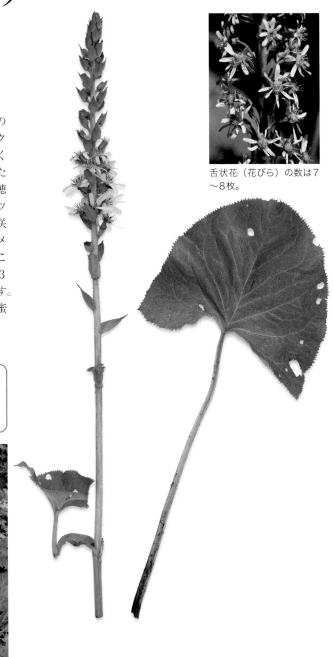

舌状花（花びら）の数は7〜8枚。

草丈は1〜2mとダイナミック。

シシウド
猪独活

Angelica polyclada
セリ科　多年草
分布：本州、四国、九州
生育地：山地の草原
草丈：1〜2m

　夏の山地の草原でひときわ大きく抜きん出て放射状に細かい花をつけているシシウドは、アンゼリカの属名をもつセリ科の多年草です。聖なる万能薬としてアンゼリカのハーブ名で知られるセイヨウトウキも同属の仲間です。洋の東西を問わずこの仲間は薬草となるものが多く、シシウドの根を洗って干したものは独活と呼ばれる生薬で鎮痛、鎮静、血管拡張作用等の薬効があることが知られています。

名前の由来　イノシシが食べるほど大きいウドの意。

花序は二重の放射状。

夏の高原には欠かせない存在。

ハクサンフウロ
白山風露

別名：アカヌマフウロ
Geranium yesoense
フウロソウ科　多年草
分布：本州
生育地：高山の草地
草丈：30 〜 80cm

本州中部地方以北の湿った亜高山の草原に自生する。エゾフウロなど近緑種が多い。

本州の中部以北の高い山の草原に咲く可憐な花で、個体差があるうえに似た種も多いので見分けるのが難しい花でもあります。花色は白に近いものから濃いピンク色までさまざまで、花びらに数本の赤い縦スジが入ることが多く、また花びらが細めであまり重なり合うことがないのですが、これらも絶対とはいえません。葉は深く切れ込んでヤマトリカブトの葉のような形をしています。母種はエゾフウロで非常によく似ています。

これはよく似ている近緑種のタチフウロで、同じ場所に生えることも多い。

花の濃淡には個体差がある。

よく似たタチフウロの花。

名前の由来 石川県・岐阜県の白山に多く自生し、花姿に風や露がよく似合うことに由来する。

ツルフジバカマ
蔓藤袴

Vicia amoena
マメ科　多年草
分布：日本全土

生育地：野山、フェンス
草丈：つる性

山野の草地や藪に生え、赤紫色の15㎜ほどのマメ科特有の蝶形花をつける。

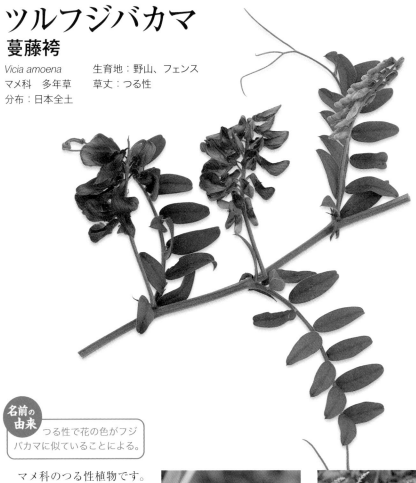

名前の由来　つる性で花の色がフジバカマに似ていることによる。

マメ科のつる性植物です。草地で他の植物に絡みながら紫系の花を咲かせる植物にはこのツルフジバカマの他にクサフジ、ナヨクサフジなどがあります。この中でツルフジバカマは花期が8〜10月頃といちばん遅めで、花色は赤紫色で最も濃くてがっちりとしています。また葉の小葉の数もクサフジとナヨクサフジは20枚近くあることが多いのに対し、ツルフジバカマは多くても15〜16枚程度です。

花色は近似種の中で最も濃い。

盛夏を過ぎた頃から咲き始める。

センニンソウ

仙人草

別名：ウマクワズ
Clematis paniculata
キンポウゲ科　多年草
分布：日本全土
生育地：山野、フェンス
草丈：つる性

名前の由来　果実にある白い毛を仙人の鬚に見立てたことによる。

つるで絡みつき、白い花を咲かせる。

果実には羽毛がある。

4枚の花びらに見えるのはがく片。

　センニンソウはボタンヅルなどとともに、園芸植物として知られるクレマチスの仲間です。白い4枚の花びらは花弁ではなくがく片で、日当たりのよい所では茎葉が見えなくなるほどたくさんの花がつきます。花期は8～9月がふつうですが、一度刈られたり、何かの理由で咲くのが遅くなると12月になっても咲いていることがあります。果実にはうず巻き状の羽毛ができ、風で運ばれていきます。

241

フシグロセンノウ
節黒仙翁

別名：オウサカソウ
Lychnis miqueliana
ナデシコ科　多年草
分布：本州、四国、九州
生育地：山地の林床や林縁
草丈：40 〜 90cm

山地の林内に自生する。花色は山野草では珍しいオレンジで、分枝した茎の先に数個つける。

　夏から秋にかけて山地の林床や林縁に咲くオレンジ色の花です。他に山野でこの色の花はほとんどないので見間違えることはないでしょう。草丈は40 〜 90cmくらいで、茎の節のあたりが黒紫色になるのでこの名があります。センノウは中国原産の植物ですが、このフシグロセンノウ、エビセンノウ、エゾセンノウは日本の在来種で、どれもとても魅力的な花を咲かせます。

花期は7〜 10月。

名前の由来
茎の節が黒っぽくなることで節黒、センノウは、昔僧侶が中国から持ち帰り、京都府嵯峨の仙翁寺で栽培したことによる。

オレンジ色の花は遠目にも目立つ。

キキョウ
桔梗

チヂミザサ
縮み笹

ツルボ
蔓穂

チカラシバ
力芝

カワラナデシコ
川原撫子

エノキグサ
榎草

ジュズダマ
数珠玉

シャジクソウ
車軸草

カナムグラ
鉄葎

ヨウシュヤマゴボウ
洋種山牛蒡

コミカンソウ
小蜜柑草

ミゾカクシ
溝隠

ヤハズソウ
矢筈草

ノコンギク
野紺菊

イタドリ
痛取り

キクイモ
菊芋

ツルマメ
蔓豆

ヨメナ
嫁菜

オミナエシ
女郎花

秋の草花

アカネ
茜

カラムシ
苧

センブリ
千振

オトコエシ
男郎花

イシミカワ
石見川

アメリカセンダングサ
亜米利加栴檀草

イヌホオズキ
犬酸漿

ツリガネニンジン
釣鐘人参

アキカラマツ
秋唐松

キツネノマゴ
狐の孫

ヤマトリカブト
山鳥兜

スズメウリ
雀瓜

クサアカソ
草小赤麻

イヌタデ
犬蓼

サワギキョウ
沢桔梗

ダイモンジソウ
大文字草

ヌスビトハギ
盗人萩

ヤマハッカ
山薄荷

カラスウリ
烏瓜

サラシナショウマ
晒菜升麻

ワレモコウ
我亦紅

リンドウ
竜胆

ウメバチソウ
梅鉢草

ミゾソバ
溝蕎麦

ヤマラッキョウ
山辣韮

キカラスウリ
黄烏瓜

キツネノカミソリ
狐の剃刀

ヒヨドリジョウゴ
鵯上戸

マツムシソウ
松虫草

ヤブツルアズキ
藪蔓小豆

カゼクサ
風草

ヤクシソウ
薬師草

ホトトギス
杜鵑草

ツリフネソウ
釣船草

クズ
葛

イソギク
磯菊

トネアザミ
利根薊

イノコズチ
猪子槌

セイタカアワダチソウ
背高泡立ち草

ミズヒキ
水引

フジアザミ
富士薊

ヨモギ
蓬

アキノノゲシ
秋の野芥子

フジバカマ
藤袴

シロザ
白藜

アキノキリンソウ
秋の黄輪草

ススキ
薄

シラネセンキュウ
白根川弓

ヒガンバナ
彼岸花

オオオナモミ
大雄生揉

キキョウ
桔梗
Platycondon grandiflorum
キキョウ科　多年草
分布：日本全土
生育地：山野
草丈：30〜100cm

日当たりのよい山野の草原に生育する。蕾は花びら同士がぴったりとつながり、風船のようになっている。

折り紙で作った風船のような五角形の蕾(つぼみ)は小さいうちは緑色で、次第に大きく膨らむにつれて青紫がかってきます。やがて上部が5つに裂けてキキョウの花が開花します。まずは5個の雄しべが開いて花粉を出します。この時、中心の雌しべは固く閉じたままですが、雄しべがしおれた頃に開いて他の花の花粉を虫が運んでくるのを待ちます。同花受粉を避けるための植物の知恵です。秋の七草のひとつとしても知られます。

まず雄しべが開く。

雄しべがしぼむと雌しべが開く。

秋の七草だが、花期は盛夏の前の6月から秋のはじめの9月まで。

蕾は上向き、開くと横向き。

244

名前の由来　漢名の桔梗（キチコウ）が転訛したもの。

カワラナデシコ

川原撫子

別名：ヤマトナデシコ

Dianthas superbus

ナデシコ科　多年草

分布：日本全土

生育地：山野、川原

草丈：30 〜 80㎝

日当たりのよい山野や川原に自生する。秋の七草のひとつで、観賞価値が高く、広く栽培されている。

　その切れ込んだ花びらの繊細さや、細い茎のしなやかさ、細くスマートな形の葉など、やさしい美しさの中にしなやかな芯の強さを秘めたカワラナデシコは、昔から日本の女性にたとえられ、ヤマトナデシコの言葉も生まれました。確かに、丈夫そうに生い茂った夏から秋の草の間に、ひかえめながらも健気に生きている美しさに惹きつけられてしまいます。日本人の美意識の原点のような花です。

名前の由来　川原に生え、花の形や色の可愛いさを、撫でたくなる子どもにたとえた。

分枝しながら次々に花開く。

花びらは細かく切れ込む。

シャジクソウ
車軸草

別名：ボサツソウ
Trifolium lupinaster
マメ科　多年草
分布：北海道、本州
生育地：高原の草地
草丈：15〜40cm

　シャジクソウ、あまり聞いたことがない名前かもしれませんが、シロツメクサやアカツメクサなどと同じクローバーの仲間で、じつはこの仲間はマメ科シャジクソウ属に分類されます。そのうちのひとつであるシャジクソウは、ヨーロッパ東部、アジア北東部、アラスカなどに分布しますが、日本での自生地は北海道と長野県、群馬県、宮城県などの一部に限られています。比較的乾いた草原を好みます。

名前の由来
輪生しているように見える小葉を、牛車の車軸に見立てたことによる。

小群落で点在することが多い。

主に長野、群馬、宮城3県の山地の草地に生育する。花色は淡紅紫色で、マメ科特有の蝶形花をつける。

1花序に10〜30個の花がつく。

247

ミゾカクシ

溝隠

別名：アゼムシロ
Lobelia chinensis

キキョウ科　多年草
分布：日本全土
生育地：溝、田の畦
草丈：3〜15cm

田の畦や湿地に多く生育し群落を形成する。5弁花だが片側に偏ってつける。

匍匐性の茎を伸ばして筵を敷いたように広がるのでアゼムシロの別名もあります。初夏から秋にかけて1cmほどの白から淡紫色の花をつけますが、花の先は5裂して、上の2つは横向き、残りの3つは下向きに開きます。キキョウ科とは思えない形ですが、同属にサワギキョウ（p.321参照）があり、その花の形を見ると背丈は違っても近縁であることが納得できます。また最近は属名のロベリアの名前で、色とりどりの外国産の園芸種が出回っています。

匍匐性の茎は地を這って広がり、その先端に花をつける。

名前の由来　茎が地面を這って長く伸び、溝を隠すほど生い茂ることによる。

花色は白から淡紫色。

イタドリ
痛取り

別名：スカンポ
Fallopia japonica
タデ科　多年草
分布：日本全土
生育地：土手や林縁、道端
草丈：50 〜 150cm

若葉や茎に酸味があり、山菜として食用になる。

　イタドリの若い芽を折ってかじると酸っぱくてえぐい感じがします。これはスイバと同様にシュウ酸を含んでいる420ためで、そこからどちらもスカンポの別名をもっています。タデ科の植物はこの酸味をもっているものが多く、ハーブとして栽培されるルバーブ（ショクヨウダイオウ）もその葉柄（ようへい）の酸味を利用してジャムなどに加工されます。また、イタドリは茎が中空なため、茎を切り取って両端に切り込みを入れ、棒を通して水に浸してから流れに置くと、水車の草花あそびができます。

名前の由来　薬用植物として痛みを和らげる効果があることから痛み取りと呼ばれ、それが転訛した。

葉の表

葉の裏

種子は風に飛ばされて運ばれる。

花期は7〜10月。

実は2.5mmほどで光沢がある。

茎は中空で、竹のような節がある。

ツルマメ

蔓豆

別名：ノマメ

Glycinemax subsp. *soja*

マメ科　1年草

分布：日本全土

生育地：野原、道端

つる性

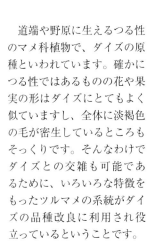

　道端や野原に生えるつる性
のマメ科植物で、ダイズの原
種といわれています。確かに
つる性ではあるものの花や果
実の形はダイズにとてもよく
似ていますし、全体に淡褐色
の毛が密生しているところも
そっくりです。そんなわけで
ダイズとの交雑も可能であ
るために、いろいろな特徴を
もったツルマメの系統がダイ
ズの品種改良に利用され役
立っているということです。

名前の
由来
つる性のマメ科植物で、
つるに豆がなることからこの
呼び名になった。

花はダイズにそっくり。

花期は7〜9月。

カラムシ
苧

別名：アオソ
Boehmeria nivea var. *concolor*
イラクサ科　多年草
分布：日本全土
生育地：田畑の周辺、道端
草丈：50 ～ 150㎝

茎の皮には丈夫な繊維が多く、古くから衣類用に栽培されている。

　今では雑草として名も知らないで通り過ぎる人が多いカラムシですが、南アジアから東アジアの分布域では6000年もの昔から繊維をとるために栽培されてきたといわれます。日本では越後地方が有名で、その繊維は衣料の原料として売れたため上杉謙信の重要な軍資金になったといわれます。また、江戸時代から魚沼地方で織られた越後縮の原材料でもありました。

雌花が丸く集まって房状につく。

名前の由来　麻のように丈夫な繊維のことをカラムシと呼び、茎から丈夫な繊維がとれることによる。

葉裏は白く、アカタテハの幼虫の食草。

253

アメリカセンダングサ

亜米利加栴檀草

別名：セイタカウコギ

Bidens frondosa

キク科　1年草

分布：本州、四国、九州

生育地：湿った林縁、道端

草丈：1〜1.5m

2本の棘にさらに棘がある。

実の先端に2本の棘があり、棘全体にも逆歯があるため衣服につくとなかなか取れない。

名前の由来

北アメリカ原産の帰化植物。在来種のセンダングサに似ているのでこの名前がついた。また、センダングサの名前の由来は樹木の栴檀と葉の形が似ていることによる。

　秋の野原を歩くと、いつのまにか衣服にたくさんくっついてくる草の実。誰でも一度は経験したことがあるでしょう。アメリカセンダングサの実もその一つです。2つに分かれた実の先端の鉤でしっかりと衣服にくっつきます。よく似た仲間にコセンダングサやタウコギなどがあります。

　アメリカセンダングサは、他の仲間に比べて葉の先や鋸歯が鋭く尖り、色が濃くて茎は紫色がかるのが特徴です。

草丈は1〜1.5mになる。

花期は9〜10月。

実には棘がある。

アキノウナギツカミ
秋の鰻摑み

別名：アキノウナギヅル
Persicaria sieboldi
タデ科　1年草
分布：本州、四国、九州
生育地：溝、湿地
草丈：20～70cm

　ウナギを素手でつかんだことがあるでしょうか。ドジョウやナマズもそうですが、ぬるぬるしていてすぐに手から抜け出してしまいます。そこで私はよくフキの葉を使ったものです。面積が広いうえ毛が生えているので滑り止めになるからです。私は使ったことはありませんが、アキノウナギツカミも下向きの棘があるので、多分ウナギもつかめるのではないかと思います。

名前の由来
秋に花が咲き、また、茎にたくさんの棘があり、ぬるぬるとしたウナギもこれを使えばつかめることによる。

湿った場所を好む。花期は6～9月。

花は大きくは開かない。

255

オミナエシ
女郎花

別名：オミナメシ
Patrinia scabiosaefolia
スイカズラ科　多年草
分布：日本全土
生育地：山野の草地
草丈：80〜150cm

　秋の七草の一つで真夏から晩秋まで、とても長期にわたって黄色い花を咲かせます。背が高くスマートで、風に揺れるその姿は趣深いものです。虫たちもこの花の蜜を好み、特にハラナガツチバチの類はこの花が大好きで、夕暮れ後、この草で眠るほどです。ただこの草を生けると水がなんともくさくなり閉口します。生けるより外で眺める草のようです。オミナエシ（女郎花）に対し、白花で少しがっちりしたオトコエシ（男郎花。→p.258）もあります。

名前の由来

オミナは女性のこと。また、エシは飯が転訛してこの呼び名になった。粟粒のような花を、昔、女性が食べていたとされる粟飯にたとえた。

黄色い花の直径は約4mmほど。

盛夏に咲き始め、秋も深まるまで咲き続ける。花期は8〜10月。

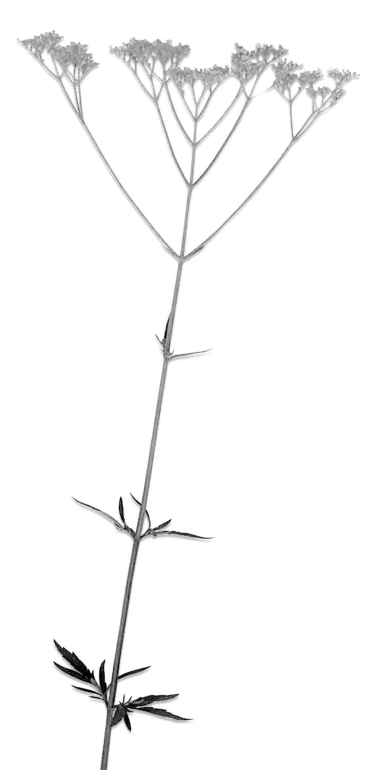

257

オトコエシ
男郎花

別名：オトメシ

Patrinia villosa

スイカズラ科　多年草

分布：日本全土

生育地：山野

草丈：50〜100㎝

日当たりのよい山野の草原に生育する。茎の上部が枝分かれして、柄つきの花がたくさんつく。

オミナエシ（→p.256）は秋の七草にも選ばれていますしよく知られているのですが、オトコエシはあまり知られていないようです。同じスイカズラ科ですが花色はそれぞれ黄と白です。それぞれの名前についてはその昔、猟や農耕に出て力仕事をする男衆は白飯を、女衆は粟飯などの雑穀を食べていたところから、その色になぞらえて白花はオトコメシ、黄花はオンナメシと呼ばれ、それが転訛したとする説もあるようです。しかし、真偽のほどは定かではありません。

草丈は50〜100㎝ほどで、茎の上部で約40°の角度で分枝する。

花は白色で直径4㎜くらい。

茎は紫褐色を帯び中空。

名前の由来　花がオミナエシに似ていて、比べると全体にやや剛健で男性的であることによる。

アキカラマツ
秋唐松

別名：タカトオグサ
Thalictrum thunberg
キンポウゲ科　多年草
分布：日本全土
生育地：山野の草地、林縁
草丈：50 〜 130㎝

山野の草原や道端に生育する。高さは50〜1.3mほどだが、沖縄のものはやや小形。

花びら状の小さながく片があるものの、ほとんど雄しべだけのような小さな淡黄白色の花の集まりです。夏から秋のよく繁った緑の草原にあってもなぜかよく目立つ花です。よく似た花にカラマツソウがありますが、これは高山に自生して花色はより白に近いのが特徴です。葉は一見シダの仲間の観葉植物であるアジアンタムに似た感じで、よく水をはじくため雨や霧の後には小さな丸い水滴をつけていてとてもきれいなものです。

全草を乾燥させたものが、高遠草の名で長野県の民間薬として知られる。

垂れ下がった多くの雄しべが目立つ。

名前の由来 秋に咲き、糸状の長い雄しべをカラマツの葉に見立てたことによる。

クサコアカソ

草小赤麻

別名：マルバアカソ
Boehmeria tricuspis
イラクサ科　多年草
分布：北海道、本州、四国、九州
生育地：林道、湿った林縁
草丈：40 〜 120㎝

山地の草原や道端に生育する。低木のコアカソに対し、クサコアカソは草本。

アカソ、コアカソ、クサコアカソ、この似た仲間にはいつも同定するのに悩まされます。茎が赤いのは共通ですが、葉の先が大きく3裂するのがアカソ、ここまでは何とか分かるのですが、問題はコアカソとクサコアカソ。根元が木質化していれば木本のコアカソといいますが、自然状態で根元をのぞき込むのはなかなか大変です。葉の基部がまるみを帯びて、葉の片側の鋸歯の数が10以上と多いのがクサコアカソ、10以下がコアカソともいいますが、個体差もあるのでなかなか……。

上部の葉腋から伸びる雌花序。

草丈は40〜120㎝で茎の上部には雌花が、下部に雄花がつく傾向がある。

名前の由来　赤みを帯びた茎から繊維をとり、麻のように利用し小赤麻（コアカソ）となった低木に似ているが、本種は草本であるため。

雌花は赤っぽく見える。

ダイモンジソウ
大文字草

別名：イワブキ
Saxifraga fortunei
ユキノシタ科　多年草
分布：北海道、本州、四国、九州
生育地：湿った岩場
草丈：5〜40cm

　その名のとおり花の形が大の字に見えます。ユキノシタ科の多年草で、花はそういえばユキノシタに似ていることにも気づくでしょう。でも、この仲間にはもうひとつジンジソウという花もあります。ダイモンジソウの大の字の1画目が目立たないと人の字になります。ユキノシタの花も人の字に近いですが、葉の形なども含めるとユキノシタとダイモンジソウの中間がジンジソウといった感じです。ダイモンジソウは多くの花色の園芸種があります。

長い花びらと放射状の雄しべは線香花火のよう。

湿った岩場などに自生し、時に群生する。

花の色や形は変異が多い。

名前の由来 花の形が「大」の文字に似ていることによる。

265

サラシナショウマ

晒菜升麻

Cimicifuga simplex

キンポウゲ科　多年草
分布：北海道、本州、四国、九州
生育地：山地の明るい林床、林縁
草丈：1～1.5m

山地の林内の草原に生育する。茎は直立し高さ1～1.5mほど。茎の上部のみ分枝し、短毛が密生する。

夏の終わりから秋の初め頃の林内や林縁の草地などで人の背丈ほどに育ち、その先端に棒状に白い細かな花をびっしりつけます。花に花弁はあるものの小さいためあまり目立たず、細かい雄しべがブラシのようです。よく見ると雄しべのみの雄花と少し太くて短めの雌しべもある両性花であることが分かります。ショウマ（升麻）は根茎の生薬名で解毒、解熱、抗炎症作用があるとされます。他のショウマと区別して真升麻ということもあります。

8～9月の林やその周辺で白い花穂（かすい）がよく目立つ。

太く短い雌しべをもつ両性花。

雄花と両性花がある。

名前の由来 若菜を茹で水に晒して食用としたことによる。升麻（ショウマ）は根茎の生薬名。

267

ウメバチソウ
梅鉢草

Parnassia palustris

ウメバチソウ科　多年草
分布：北海道、本州、四国、九州
生育地：山の湿った草地
草丈：10 〜 40cm

日当たりのよい山地の湿った草原に生育する。茎の先に一輪、白い5弁花を上向きにつける。

　山のやや湿った草地などで白梅のような花を上向きに咲かせている姿はとても可愛らしいものです。日本以外にも北半球の高緯度地方に広く分布しています。ウメバチソウ自体、高原などで見かけることが多いのですが、より高い所には変種のコウメバチソウが、また本州の限られたいくつかの山には、花弁の細いヒメウメバチソウが自生しています。花弁が白髭のようなシラヒゲソウも近縁種です。

名前の由来
花の形が家紋の梅鉢に似ていることによる。

花びらには黄緑色の脈がある。

草丈は 10 〜 40cmくらい。

キツネノカミソリ
狐の剃刀

別名：ハコボレグサ
Lycoris sanguinea

ヒガンバナ科　多年草
分布：本州、四国、九州
生育地：山野、林縁
草丈：30～50cm

日当たりのよい山野に生育する。球根植物で、秋に花茎を30～50cmほど伸ばし、先端で枝分かれした先に花を咲かせる。

花はあまり反り返らない。

　ヒガンバナ科のキツネノカミソリは、その花の形や色、咲く時期、葉の出る時期等、ヒガンバナ（→p.306）と似ているようですが、すべて微妙に違っています。花の時期に葉がないのは同じですが、花色はヒガンバナほど派手ではなく、咲く時期が1ヵ月ほど早いのが特徴です。また、ヒガンバナの葉が秋～冬に出るのに対し、これは春先に出ます。すべて微妙にずらすことによって競合を避けているのでしょうか。どちらも有毒であることは共通しています。

お盆の頃に花茎を伸ばす。

名前の由来
葉の形が剃刀(かみそり)を思わせ、花色を狐の毛色に見立てたことに由来する。

ヤブツルアズキ

藪蔓小豆

Phaseolus trilobatus

マメ科　1年草
分布：本州、四国、九州
生育地：山野の草地
つる性

夏の終わりから秋にかけて、草原や土手などで他の植物に絡みながら1.5〜2cmほどの黄色い花を咲かせます。アズキの原種とされ、つる性ではあるものの花のつくりなどは今のアズキとそっくりです。同じ時期に同じような場所で、よく似たノアズキも見られますが、こちらは葉の形がクズに似ているのでヒメクズとも呼ばれます。またノアズキの豆果は平たくてサヤエンドウのようですが、ヤブツルアズキはアズキと同じ円筒状をしています。

日当たりのよい草地や林縁に生育する。豆果は細長い筒状で長さ8㎝ほど。

花は少しねじれた感じ。

花期は8〜10月。他の草に絡まって伸び、黄色い花をつける。

莢もアズキそっくり。

名前の
由来　花の色も形もアズキの
花に似ているが、アズキと異
なりつる性であることによる。

271

ツリフネソウ

釣船草

別名：ゲンペイツリフネ

Impatiens textori

ツリフネソウ科　1年草

分布：北海道、本州、四国、九州

生育地：山野の水辺、沢沿い

草丈：50〜80cm

山地の湿った草原や水辺に生育する。近縁のキツリフネとともに群生することもある。

　山の渓流沿いなどで夏の終わり頃からよく見かけます。同じ場所に花の黄色いキツリフネも咲いていることがありますが、これは近縁ですが別種です。ツリフネソウの花を見て、この形に見憶えはないでしょうか。そうですホウセンカです。ホウセンカは品種改良されて日本では園芸品種として親しまれていますが、もとは東南アジア原産のツリフネソウの仲間です。この仲間の花にはマルハナバチなどの大型のハナバチが蜜を求めて飛来します。

ツリフネソウは葉の上に花茎を伸ばして花を多数つける。

キツリフネの花は葉の下。

名前の由来　船形の花を吊り下げているように見えることによる。

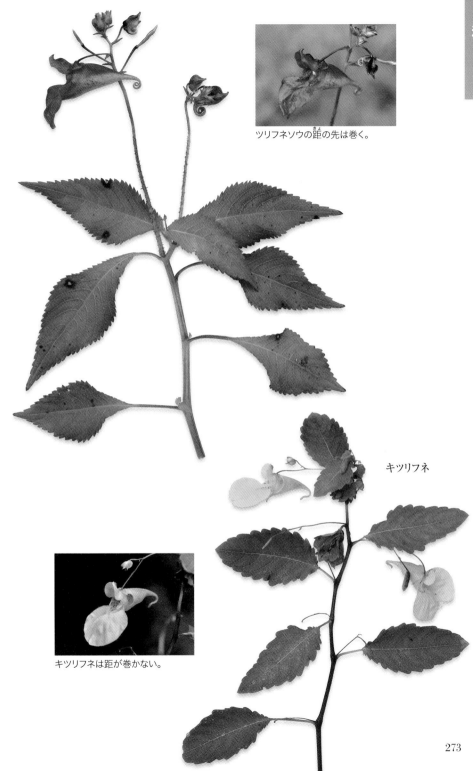

ツリフネソウの距の先は巻く。

キツリフネ

キツリフネは距が巻かない。

トネアザミ

利根薊

別名：タイアザミ

Cirsium nipponicum

キク科　多年草

分布：本州

生育地：山野

草丈：1〜2m

　別名をタイアザミともいいますが、ナンブアザミの変種で関東地方を中心に中部地方南部にかけて分布します。アザミの仲間では花の基部の周囲にある棘状の突起（総苞片）の形状が種の同定の一つのポイントになりますが、本種の場合は長めでやや反り返っているのが特徴です。草丈は1〜2mと大きくなってよく枝分かれします。夏の終わり頃から咲き始めて晩秋まで咲き続けますから、背の高いアザミを見つけたら花を見てみてください。

人の背丈ほどに育ち、花は茎の先に横向きまたは、やや下向きに咲く。

総苞片はやや反り返る。

頭花は筒状花のみからなる。

名前の由来

利根川付近に多いこと。アザミは葉にある棘が痛いことから、痛いことの古語「あざむ」が転訛した。

フジアザミ
富士薊

別名：ガケアザミ
Cirsium purpuratum

キク科　多年草
分布：本州
生育地：富士山周辺
草丈：30〜100cm

日当たりのよい砂礫地に生育する。花はアザミの中で最大で、花径は10cmに達するものも。

　富士山やその周辺の山を中心に分布する日本の固有種です。草丈は30〜100cm、直径5〜10cmの大きな花を、ややうつむき加減に咲かせます。富士山では火山礫のがれ場や道路わきの岩場などで多く見られますし、周辺の山でも中腹より高めの礫地や崩壊地などに多いようです。葉も大きく、春から初夏のロゼット状に広がった根生葉(こんせいよう)は、直径1mを超えるものもあります。

名前の由来　富士山周辺に多いこと。アザミは葉にある棘が痛いことから、痛いことの古語「あざむ」が転訛した。

葉も花も日本のアザミで最大級。

花はうつむき加減に咲く。

フジバカマ
藤袴

Eupatorium stoechadosmum
キク科　多年草
分布：本州、四国、九州

生育地：山野、河川敷
草丈：50 〜 150cm

花はヒヨドリバナに似る。

各地の川原に生育する秋の七草のひとつ。中国原産で奈良時代に渡来した。

　もともとは中国原産で奈良時代に渡来した帰化植物とされています。秋の七草のひとつとしても知られ、以前は河原や河川敷に群落が見られましたが、現在では数が減り、保護の対象にもなっています。しかし古い帰化植物が減ると保護し、新しい帰化植物が増えると駆除し、もともと人が持ち込んだ植物を人がコントロールすることの意味と難しさを改めて考えさせられてしまいます。

名前の由来

花色が藤色で、花弁の形が袴のように見えるため。

草丈は 50〜150cmくらい。

277

シラネセンキュウ
白根川芎

別名：スズカゼリ
Angelica polymorpha
セリ科　多年草
分布：本州、四国、九州
生育地：山地の林縁
草丈：80～150cm

　夏の暑さも峠を越え秋の風が感じられるようになった頃、山の渓流沿いや湿った林縁などで白い花を咲かせます。その花はセリ科特有の放射状の花序（かじょ）に多数ついて、レースのような美しさがあります。葉はセリに似ていますが、薄くて先端は尖りぎみなのでよりシャープな感じがします。葉柄の基部（ようへい）が袋状に膨らんでいるのも特徴のひとつです。センキュウは中国原産の薬草で別種です。

草丈は80～150cm、茎は直立し上部で分枝する。

湿った場所を好むので、渓流沿いに群生することも多い。

名前の由来 栃木県、日光の白根山で発見され、生薬のセンキュウと花が似ていることによる。

279

ホトトギス

杜鵑草

別名：ユテンソウ
Tricyrtis hirta

ユリ科　多年草
分布：本州、四国、九州
生育地：林縁、崖
草丈：40 〜 80cm

名前の由来
花の斑点模様が、鳥のホトトギスの胸にある模様と似ていることによる。

山地の日陰や林縁、崖などに生育する。

夏の暑さも峠を越え、秋の気配も感じられるようになってきた頃の山道で、林縁や崖から垂れ下がるように咲く姿は風情のあるものです。花の斑点が名前の由来といわれますが、葉にも若いうちは濃緑色の斑点があります。似たものに、花数が少なく花びらが下へ反るヤマホトトギスや、花びらが水平に開くヤマジノホトトギス、花色が黄色のタマガワホトトギスなどがありますから、是非、花の様子も観察してみてください。

葉の基部は茎を抱く。

花径は2.5 〜 3.5cmほど。

日本を代表する
美しい秋の花7種。
「萩の花　尾花　葛花
　なでしこの花　をみなえし
　　　また藤袴　朝顔が花」
　　　（万葉集・山上憶良）

撫子

なでしこ

日本女性を大和撫子と呼ぶように、楚々としていながらも芯の強さをもった花がナデシコです。標準和名はカワラナデシコです。

萩

はぎ

秋の七草にいう萩とは、ヤマハギかマルバハギのことでしょう。どちらも1.5～2m近くなり、草といっても木本です。

女郎花

おみなえし

オミナエシの背が高くて黄色く細かい花は、夏の盛りから秋も深まる頃まで長い間咲き続けます。花の蜜はチョウやハチの好物です。

尾花（ススキ）

おばな

ススキは、尾花とか茅とか呼ばれます。昔は茅葺き屋根の材料としたため、村の周辺には茅場というススキ野原がありました。

藤袴

ふじばかま

フジバカマは、古く中国からもたらされた帰化植物といわれます。川岸や湿った場所を好みますが、近年その数は減ってきています。

葛

くず

クズはよく繁茂するため粗野に見られがちですが、よく見ると花の美しさといい、香りといい、趣深い日本的な植物です。

朝顔

あさがお

（キキョウ）

山上憶良が詠んだ秋の七草の朝顔は、キキョウ、ムクゲ、アサガオと諸説ありますが、キキョウとする説が有力のようです。

チヂミザサ

縮み笹

別名：コチヂミザサ

Oplismenus undulatifolius

イネ科　多年草

分布：日本全土

生育地：

林床や林縁、道端

草丈：10〜30cm

花期は8〜10月。

毛の有無には変異が多い。

チヂミザサと聞いてもピンとこない方は、夏から秋にかけて草むらや林の中を歩いた時のことを思い出してください。出てきたら小さな実が衣服にたくさんついていたことがあるでしょう。それがズボンの膝から下のほうだけであったなら、たいていはチヂミザサである可能性が高いでしょう。芒(針状の毛)から粘液を出してくっつくので、なかなか取れないうえ指までべたついてきます。あれがチヂミザサだといえばお分かりでしょう。

名前の由来
葉の形が笹に似ていること、また、葉全体にシワがあり縮れることからこの呼び名になった。

林床や林縁に群落をつくることが多い。あまり背が高くないので目立たない。

283

エノキグサ
榎草

別名：アミガサソウ
Acalypha australis
トウダイグサ科　1年草
分布：日本全土
生育地：田畑の周辺、道端
草丈：30〜50cm

花序の基部の総苞が編み笠に似ていることからアミガサソウの別名がある。

　葉はエノキの葉に似て、全体の草姿もあまり変わったところのない目立たない草ですが、花がなんとも変わっています。それもそのはずノウルシ（→p.50）やトウダイグサ（→p.51）と同じトウダイグサ科の植物なのです。属は違いますが雌花などにはなんとなく似た雰囲気があります。別名をアミガサソウといいますが、これは雌花の基部にある総苞が編み笠に似ているからです。

茶色が雄花、丸い緑色が雌花。

名前の由来　葉の形が樹木のエノキに似ていることによる。

花期は8〜10月。

カナムグラ
鉄葎

別名：リッソウ

Humulus japonicus

クワ科　1年草

分布：日本全土

生育地：林縁、藪、道端

つる性

茎には小さいがしっかりした棘がたくさんあり、名前の由来にもなっている。

名前の由来　カナは鉄の意で強健なつるを表し、ムグラは草が茂る様子を表す。

　広範囲に生い茂る雑草のことを葎（むぐら）という呼び方をしますが、植物名としてはヤエムグラ（→p.146）やこのカナムグラがあります。どちらも茎に並んだ細かな下向きの棘（とげ）で他の木や草に寄りかかったり絡みついたりして広がります。カナムグラは雌雄異株（いしゅ）でビールに使うホップの花に似た雌花は下向きのマツボックリのようです。

ホップによく似た雌花。

小さな緑色の雄花。

花期は8〜10月。

ヤハズソウ

矢筈草

別名：ハサミグサ

Kummerowia striata

マメ科　1年草

分布：日本全土

生育地：河原、道端、空き地

草丈：15〜40cm

根は根粒をつくり窒素を取り込むため、緑肥として役に立つ。

やや湿った場所に群落をつくることがある。

　道端や空き地などで普通に見られ、8月から10月頃、長さ5mmほどの淡い紅紫色の花を葉の付け根に咲かせます。マメ科特有の形をした可愛い花です。葉は3枚の小葉からなりますが、その小葉はよく見ると側脈と呼ばれる葉脈が中心の主脈から斜めに細かく並んでいるのが分かります。指で葉の先をつまんで引っ張ると、この側脈に沿ってちぎれるので、矢筈の形になるのです。小葉の先が丸くてよく枝分かれするマルバヤハズソウ（右上写真）もあります。

マルバヤハズソウ

名前の
由来　葉先を引っ張ると側脈
に沿って切れ、その切り口が
矢筈（矢が弦を受ける部分）に
似ていることによる。

花は葉の付け根につく。

葉先を引っ張ると矢筈形に切れる。

秋の草花

全草にアルカロイドという毒がある。特に青い実は注意が必要。

イヌホオズキ
犬酸漿

別名：カザリナス
Solanum nigrum
ナス科　1年草
分布：日本全土
生育地：田畑の周辺、道端、空き地
草丈：30〜60cm

道端や畑に生える草丈30〜60cmのナス科の植物です。8月から10月に深く5つに裂けた6〜7mmの白い花をつけます。この花は平らに開きますが、咲いて少しすると反り返ります。やがて実ができ、緑色から黒色に熟しますが、この実はつや消しの黒で、光沢がないのが特徴です。よく似た帰化植物にアメリカイヌホオズキがありますが、こちらの実には光沢があり茎が細く、花は白か淡い紫色です。つや消しか光沢か、見かけたら確かめてみてください。

若い実は緑色。

熟した実はつや消しの黒色。

アメリカイヌホオズキの花。

イヌホオズキの花は白色。個体差もあり近縁種との見分けは難しい。

名前の
由来　実がホオズキに似ていることが名前の由来。犬は役に立たないものの意。

キツネノマゴ
狐の孫

別名：メグスリバナ
Justicia procumbens

キツネノマゴ科　1年草
分布：本州、四国、九州
生育地：山野、林縁、道端
草丈：10 〜 40cm

花は清楚で淡紫色。白花もあるが、シロバナキツネノマゴといって区別される。

名前の由来
花の形が子ギツネの顔に見えること、また、種子がとても小さいことからマゴ（孫）となった。

　晩夏から秋にかけて道端や
林縁部で普通に見られる草で、
群生することも多く小さな淡
紫色の花がきれいです。一
見シソ科のように見えますが、
キツネノマゴ科の植物です。
花は唇形で上唇と下唇に分か
れていて、小さな上唇には雄
しべ2個がついていて、大き
な下唇には基部近くに白い模
様があります。ハナバチの仲
間に花粉の媒介を頼っている
この花は、下唇の模様で蜜の
場所を教え、ハチを下りさせ
るいわばヘリポートなのです。

下唇の模様が目立つ。

草丈は10〜40cmの1年草で、林縁などに群落をつくることが多い。

イヌタデ
犬蓼

別名：アカマンマ

Persicaria longiseta

タデ科　1年草

分布：日本全土

生育地：田の畦、畑やその周辺

草丈：20～40㎝

別名のアカマンマは、薄紅色の花穂を赤飯に見立てたもの。

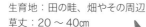

名前の由来

葉にヤナギタデのような辛み成分がなく、香辛料として使えないので「犬」をつけた。「犬」には食用にならず役に立たないという意味がある。

　昔の子どもたちは、イヌタデの実を「アカマンマ」と呼び、特に女の子たちはこれを木の葉の皿に盛って赤飯に見立ててままごとに使っていました。夏のなごりの暑さもようやくおさまり、朝夕の冷え込みに深まりゆく秋を感じる頃、畦道や草原に群れ咲くイヌタデを見ると、そんな昔の情景が思い出されます。こんなあそびを知らない今の子どもたちは、大人になってこの草を見た時に何を思うのでしょうか。

花期は6〜10月と長い。

茎は枝分かれして、たくさんの花穂をつける。

293

ヌスビトハギ

盗人萩

別名：ドロボウハギ

Desmodium podocarpum subsp. oxyphyllum

ケシ科　1年草

分布：本州、四国、九州

生育地：山野、林床や林縁

草丈：60〜120cm

淡紅色の花は小さく目立たないが、半月形の実は衣服にはりつき、よく目立つ。

　子どもの頃、秋に山へきのこやクリを採りに行って帰ってくると、どこでついたものか、服のあちこちにべったりとヌスビトハギの実がついていたのを思い出します。薄いため、一度つくとはがすのに結構手間取ったものです。小さく地味な色の実なので、夢中で遊んでいる子どもにとっては、いつ、どこでついたのか気づかないことがほとんどでした。今思うと、服についたヌスビトハギの実は、子どもの頃の野あそびの勲章だった気がします。

名前の由来
ねばねばの実が衣服につかないよう盗人のように忍び足で歩いたこと。また、花がハギに似ていることから盗人萩（ヌスビトハギ）となった。

花期は7〜9月。

花は3〜4mmと小さい。

実は普通2節からなる。

木陰にも日なたにも見られるが、やや湿った環境を好む。

ワレモコウ
我亦紅

Sanguisorba officinalis

バラ科　多年草
分布：日本全土
生育地：山野
草丈：40〜100cm

えんじ色の花穂は実のように見えるが、小さな花の集まり。花弁は退化したため、ない。

　野原の草地に、つんと伸びた枝先にえんじ色の花をつけたワレモコウが咲き、その先に止まった赤トンボが風に揺られている様は、まさに秋の風物詩の一つといえるでしょう。その草姿からは、この草がバラ科とは思えないかもしれませんが、葉の形が、同じバラ科であるイチゴの葉によく似ていることを思えば納得がいくのではないでしょうか。

名前の由来

紅い花の仲間に漏れたワレモコウが自ら「我も亦紅なり」と主張したという伝説を由来とする。

花期は8〜10月。

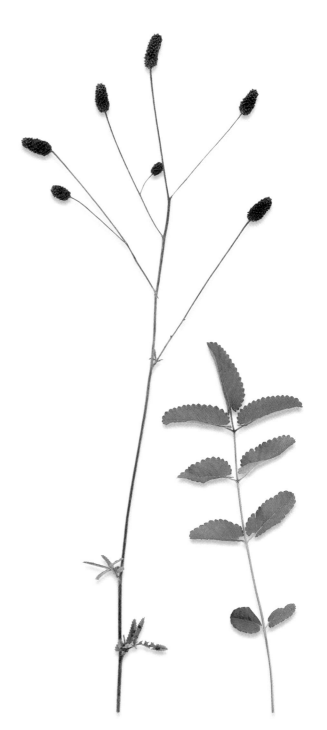

ミゾソバ

溝蕎麦

別名：ウシノヒタイ　　分布：日本全土
Polygonum thunbergii　　生育地：溝や川沿い、湿地
タデ科　1年草　　草丈：30〜70cm

　その名のとおり、溝に生え
るソバの仲間（タデ科）の植物
です。動物の顔を思わせる
おもしろい形に、赤紫がかっ
た模様が入ることが多い葉も
きれいですが、かたまって咲
く小さな花は、ひと枝でも群
生していても美しいものです。
この花が咲く頃は、秋の虫た
ちの盛りの時期でもあります。
カンタンやコオロギの鳴き声
を聞きながら見るミゾソバの
花は、また一段と風情がある
ものです。

葉の形をウシの顔に見立て、ウシノヒタイという別名がある。

名前の由来
湿地や溝などに生育
し、ソバの実に似た実をつけ
ることから溝蕎麦（ミゾソバ）
となった。

花期は9〜10月。花の直径は4〜7mm。

297

アカネ
茜

Rubia argyi

アカネ科　多年草
分布：本州、四国、九州
生育地：山野、林縁
つる性

四角形の茎にはたくさんの棘がある。秋につける黒い実も染色に利用できる。

野山で普通に見られるつる性の植物です。茎の同じ場所から輪生した4枚の葉のうち2枚は、葉の受け皿のような役目をする托葉というものが変化したものです。茜色で有名な茜染めは、アカネの根を乾燥して臼でついたものに熱湯を加え煮出した液で染めたものです。どこにでもある植物から鮮やかな、あるいは奥深い色調の染め物ができることは驚きです。コーヒー豆をとるコーヒーノキもアカネ科の植物であることも驚きです。

名前の由来
根から茜染めと呼ぶ、草木染めの染料をとったことが名前の由来。

星形の花は直径 3〜4mm。

茎の下向きの棘で他の植物によじ登る。花期は 8〜10月。

カゼクサ
風草

別名：フウチソウ

Eragrostis ferruginea

イネ科　多年草

分布：本州、四国、九州

生育地：道端、空き地

草丈：30〜80cm

　道路端や空き地に多い草ですが、その細く細かな穂や葉は、その名のとおりまさに風に揺れるのがよく似合う草です。同じようなところに生える草にネズミムギやシナダレスズメガヤなどがありますが、どれもコンクリートやアスファルトのわずかな隙間にも根を張って、日差しや乾燥にも耐え、容易に引き抜くこともできないほどのたくましさを身につけた草たちです。

花期は8〜10月。草丈は30〜80cm。

名前の由来　大きな花穂（かすい）が風に揺れる美しさから、風を感じる草、風草（カゼクサ）となった。

クズ
葛

別名：マクズ
Pueraria lobata
マメ科　つる性落葉低木
分布：日本全土
生育地：林縁、藪、道端
つる性

名前の由来
かつて葛粉の産地であった大和国（奈良県）国栖（くず）、その地名が由来となった。

　この草ほど邪魔にもなるし役にも立っている植物はないかもしれません。放っておくと電柱のてっぺんまで這い上がっていく勢いは半端ではありません。しかしこのクズの根が、風邪をひいた時にお世話になっている葛根湯の原料であったり、根のデンプンが葛粉として葛餅のもとであったりすることを知っている人は案外少ないのではないでしょうか。

茎にはたくさんの細かい毛がある。

花期は8〜10月。

イノコズチ

猪子鎚

別名：ヒッツキムシ

Achyranthes bidentata var. *japonica*

ヒユ科　多年草

分布：本州、四国、九州

生育地：林縁、藪、道端

草丈：50〜100㎝

実には棘があり、動物の体や人間の衣服について分布を広げる。

名前の由来　茎の節にある太いふくらみの形が、鎚や猪の子どもの膝に似ていることからついた名前。

　イノコズチの仲間には2種類あります。日陰や半日陰に多いややほっそりしたヒカゲイノコズチと、日なたに多いややがっちりしたヒナタイノコズチです。花柄に毛が多いのがヒナタイノコズチというように、いくつか細かい識別点はありますが、とてもよく似ています。どちらの実も衣服について運ばれるため、「ひっつきむし」などと呼ばれ、子どもの頃は互いの服につけ合って遊んだものです。ここの写真は、左ページがヒナタイノコズチであるほかはヒカゲイノコズチです。

実は人の衣服や動物の毛について運ばれる。

実の基部に2本の棘がある。

名前の由来となった太い茎の節。

花期は8〜10月。草丈は50〜100cm。

303

ヨモギ
蓬

別名：モチグサ　　　分布：本州、四国、九州
Artemisia princeps　生育地：畦道、土手、道端
キク科　多年草　　　草丈：50 〜 120cm

早春に摘んだ若葉は草餅に利用される。また、生長した葉はもぐさの原料になる。

名前の由来
「よく萌える草」からヨモギとなった。ヨモギのギは茎のある立ち草を意味する。

　ヨモギの花が咲くのは秋ですが、まだ寒い早春のうちから他の植物たちに先駆けて、銀白色の産毛をまとったロゼット状の芽をすでに用意しています。春に生長し始めたこの若芽を混ぜてついた餅が草餅です。また、葉に生えている毛を集めたもぐさがお灸に使われるのも有名です。
　この他、多くの薬効をもつヨモギは、古くから人々に利用され、役に立ってきた植物なのです。

ロゼットで冬越しする。

茎が伸びる前の若芽。

ヨモギの花。
花期は 8 〜 10月。

シロザ
白藜

別名：シロアカザ　　　分布：日本全土
Chenopodium album　生育地：田畑の周辺、空き地
ヒユ科　1年草　　　　草丈：60〜150cm

　白く粉をふいたような若葉が印象的なシロザですが、この若葉の白っぽい部分が赤いアカザもあります。どちらも60〜150cmくらいに育つので、横枝を落とした茎を杖にします。非常に軽くて丈夫な杖になります。

　中国原産で古い時代に日本へ入ってきたといわれ、若葉や若い果実は食用となります。ホウレンソウやフダンソウなどの野菜も同じヒユ科の植物です。

名前の由来
若い葉の中心部が赤いアカザに対し、白いのでシロザとした。ザは座のこと。

新芽は食用になる。

花びらのない花は目立たない。

305

ヒガンバナ
彼岸花

別名：マンジュシャゲ

Lycoris radiata

ヒガンバナ科　多年草・球根

分布：本州、四国、九州

生育地：田の畔、河川敷、土手

草丈：30 〜 60㎝

花後に葉が伸びてくる珍しい植物で、花と葉を同時に見ることができない。全草有毒。

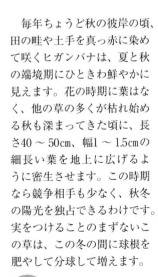

　毎年ちょうど秋の彼岸の頃、田の畔や土手を真っ赤に染めて咲くヒガンバナは、夏と秋の端境期にひときわ鮮やかに見えます。花の時期に葉はなく、他の草の多くが枯れ始める秋も深まってきた頃に、長さ40 〜 50㎝、幅1 〜 1.5㎝の細長い葉を地上に広げるように密生させます。この時期なら競争相手も少なく、秋冬の陽光を独占できるわけです。実をつけることのまずないこの草は、この冬の間に球根を肥やして分球して増えます。

名前の由来　文字どおり、秋の彼岸頃に花を咲かせることから彼岸花となった。

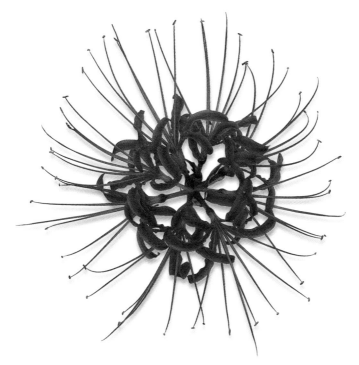

白い花が咲く変種もある。

花期は9〜10月。花茎は30cmにもなる。

ミズヒキ

水引

別名：ミズヒキソウ

Polygonum filiforme

タデ科　多年草

分布：日本全土

生育地：林床や林縁

草丈：40 〜 80cm

花弁に見えるがくが落ちないため、長く花が咲いているように見える。

　ミズヒキは、薄暗い林の縁や川の土手下などに多いうえ、花枝が長いわりに赤い花や実は数mmしかないため、撮影しにくい植物の一つです。しかし、小さいながらもその小さな赤い点々は林床でよく目につき、タデ科に多く見られる葉の模様や虫食いの跡などとあいまって、次第に深まりゆく秋を感じさせてくれる趣深い植物です。

花が終わってもがくは残る。花期は9〜11月。

名前の由来　長い花穂の小花が上から見ると赤く、下から見ると白いため、この紅白を「水引」にたとえてつけられた。

湿った半日陰の環境に生育する。

ツルボ
蔓穂

別名：サンダイガサ
Scilla scilloides

ユリ科　多年草・球根
分布：日本全土
生育地：山野、田の畦、道端
草丈：20 〜 35cm

球根にはデンプンが多く含まれており、食用とされていた時代もある。

　ツルボは、野山の土手から道路の中央分離帯まで、ピンクの花穂（かすい）を群生させます。ちょうど同じ頃に、田んぼの畦道や土手の斜面に真っ赤な花を群生させるヒガンバナが、花の時期に葉が全くないのに対して、ツルボは目立たないもののよく見ると、花穂とほぼ同時に細い葉が出ているのが分かります。

　草丈や花色はネジバナ（→p.152）に似ていますが、花は穂状に密集して咲き、ネジバナのようにらせん状にはなりません。

日当たりのよいところに群生する。

花期は8〜10月。

名前の由来
つるのように花茎を長く伸ばし、その先に穂のような花を咲かせることから蔓穂（ツルボ）となった。

実の中心に花軸の通る穴があき、糸を通し、草花あそびに利用されてきた。

ジュズダマ
数珠玉

別名：トウムギ　　分布：本州、四国、九州
Coix lacryma-jobi　生育地：田んぼ周辺、溝
イネ科　多年草　　草丈：50〜100cm

名前の由来
実に糸を通し数珠をつくったことによる。数珠は宗教儀礼に使用する珠をつないで輪にしたもの。

　小川の縁や田んぼのわきの溝などの湿ったところに生えるジュズダマは、ヒガンバナの咲く頃になると、こげ茶や灰色や白い実をたくさんつけます。子どもの頃、この実に糸を通して数珠をつくったりしましたが、その一つひとつの微妙な色の違いや、表面の見事な光沢には子どもながらに見とれたものでした。
　女の子たちはこれを小さな布袋に詰め、お手玉にして遊んでいました。その音と手触りはジュズダマならではのものでした。お茶にするハトムギはごく近い仲間です。

花期は8〜10月。

雌花（左）と雄花（右）。

熟した実は黒褐色が多い。

草丈は大きいもので2mにもなる。

311

キクイモ
菊芋

別名：アメリカイモ

Helianthus tuberosus

キク科　多年草

分布：日本全土

生育地：空き地、道端

草丈：1.5〜2.5m

北アメリカ原産で江戸末期に飼料用として渡来した。食用ともなる。

　キクイモは草丈2m以上にもなるキク科の植物です。北アメリカ原産で、日本には江戸末期に入ってきたのが最初といわれています。

　秋晴れの空の下に7〜8cmの黄色い花をたくさん咲かせる大株の姿はなかなか壮観なものです。地下の塊茎にはイヌリンという多糖類が含まれ、健康食やお茶などに利用されます。塊茎が赤っぽく紡錘形のものをイヌキクイモと呼ぶことがありますが、見分けは非常に難しいです。

名前の由来　菊に似た花を咲かせ、芋状の塊茎ができることから菊芋（キクイモ）となった。

花期は9〜10月。

塊茎はショウガに似る。

茎には粘度のある棘がある。

地下にできる塊茎は食用になる。

草丈は高く、2m以上にもなる。

313

ヨメナ
嫁菜

別名：ノギク
Aster yomena

キク科　多年草
分布：本州、四国、九州
生育地：畦道、道端
草丈：60〜100cm

一般に野菊と呼ばれる植物の代表種。道端に普通に見られ、仲間も多い。

名前の由来　春の若葉が食用となるため嫁が好んで摘んだ菜、嫁菜となった。

秋の野山に咲くキクの仲間を総称して野菊と呼びますが、ヨメナもそのうちの一種です。静岡県あたりを境に、西にヨメナ、東にカントウヨメナが自生しますが、見分けは慣れないとなかなか難しいものです。

ここに取り上げた写真はカントウヨメナと呼ばれるものです。同じカントウヨメナでも生えている場所によって、花色の濃淡や葉の切れ込みの深さなどが微妙に異なり、個体差があります。

花期は8〜11月。

花は白または薄青色で、直径2cmほど。

ノコンギク

野紺菊

別名：ナンヨウシュンギク

Aster ageratoides

キク科　多年草

分布：本州、四国、九州

生育地：山野、道端

草丈：50〜100cm

日当たりのよい山野に生育する。茎は細く直立し、上部で分枝する。葉や花はヨメナとよく似ている。

　いわゆる野菊と呼ばれる仲間のひとつですが、地域差や個体差が大きいので、ヨメナ（→p.314）などと外見では識別が難しいこともあります。しかしヨメナとの決定的な違いは、ノコンギクの種子には長い冠毛（約5mm）があることです。ヨメナの冠毛は約0.5mmでほとんど目立ちません。したがって花を横から見るか、それでも分からなかったら縦に裂いてみると分かるはずです。同じような所にはユウガギクも生えますが、こちらは全体に淡色で優しい感じがします。

草丈は50〜100cm、山道や林縁に群生することも多い。

頭花の直径は約2.5cm。

花色は白から淡紫色。

名前の
由来 野に多く咲くキクで、
花の色が紺色のため。

日当たりのよい草原に生育する。茎は四角で直立し、根元から数本に分枝する。

センブリ

千振

別名：トウヤク

Swertia japonica

リンドウ科　越年草

分布：北海道、本州、四国、九州

生育地：山野の草地、林縁

草丈：5〜30cm

　子どもの頃、センブリは苦い草だと聞いて、これを食べるときっと首を千回振るくらい苦いんだろうと思っていましたが、実際の名の由来は煎じ薬として千回煎じて振り出してもまだ苦いということでした。いずれにせよ苦いことには変わりなく、この苦さが胃腸薬として効き目があり、ゲンノショウコ、ドクダミとともに日本の三大民間薬のひとつとされています。生薬名を当薬といいます。

名前の由来　草全体が苦く、千回煎じて振出してもまだ苦いの意。

草丈は5〜30cmくらい。

花冠は4〜5深裂する。

ツリガネニンジン
釣鐘人参

別名：ツリガネソウ
Adenophora triphylla
キキョウ科　多年草
分布：北海道、本州、四国、九州
生育地：山野、土手や林縁
草丈：40〜100cm

釣鐘形から雌しべが突き出る。

名前の由来
吊り下がって咲く花を釣鐘に、白く太い根を朝鮮人参に見立てたことによる。

花期は8〜10月。

秋の山野や林縁などで40〜100cmくらいに伸びた茎に淡紫色の釣鐘形の花を輪状につけます。朝鮮人参に似た根茎をもつのでニンジンの名がついていますが、薬効は違うものの、こちらの根茎も沙参の名をもつ生薬です。サポニン、イヌリンなどを含み去痰作用があるため、痰切りや咳止めに使われています。またトトキの名の山菜としても親しまれていて、春の若芽や太い根茎を食用にします。

ヤマトリカブト
山鳥兜

別名：イワハゼ

Aconitum japonicum

キンポウゲ科　多年草

分布：北海道、本州

生育地：山地の林床、林縁

草丈：50 〜 150cm

　秋に咲く独特の形の青紫色の花はとてもきれいなものですが、全草に非常に強い毒があるので決して口にしてはいけません。山菜として人気のあるニリンソウ（→ p.124）の葉とはとてもよく似ているので特に注意が必要です。近縁種に、分布や形態に違いのあるツクバトリカブト、ハコネトリカブト、イブキトリカブト等多くの種があり、識別は難しいものです。

名前の由来　山に生えるトリカブトの意。トリカブトは舞楽のときにかぶる、鳳凰の頭をかたどった鳥兜に似ることに由来。

花の長さは4〜5cm。

茎は垂れ下がることも多い。

サワギキョウ

沢桔梗

Lobelia sessilifolia
キキョウ科　多年草
分布：北海道、本州、四国、九州
生育地：山地の湿地
草丈：50〜100cm

名前の由来
沢に生えるキキョウの意。キキョウは漢名の桔梗（キチコウ）が転訛したもの。

キキョウと名がつき同じ青紫色をしたキキョウ科ではありますが、ミゾカクシ属のため花の形はミゾカクシ（→p.248）に似ています。夏の終わり頃、山の湿原に群れ咲く様は見事なもので、高原の風に揺れる花にイチモンジセセリなどの蝶や多くのハチたちが蜜を求めて集まってくる様子を見ていると、つい時の経つのを忘れてしまいます。海外の同じ仲間が宿根ロベリアの名前で園芸店に出ています。

花の形はミゾカクシに似る。

草丈は50〜100cmくらい。

321

日当たりのよい山野に生育する。ハッカとは別属で香りはなくメンソールは採取できない。

ヤマハッカ
山薄荷
Isodon inflexus

シソ科　多年草
分布：北海道、本州、四国、九州
生育地：山野
草丈：40～100cm

秋の野山でふつうに見られるシソ科の多年草です。長い花茎に長さ7～9mmほどの紫色の花を段々につけます。一見、アキノタムラソウに似ていますが、葉に粗い鋸歯があります。また、小葉や切れ込みはなく、葉柄に翼（横に広がった葉の一部）があるのが特徴です。他の多くのシソ科植物と同じように、茎の断面は四角形でその角の稜には白い細毛が下向きに生え、葉にもまばらな毛があります。ハッカと名がついていても、ハッカのような香りはありません。

草丈は40～100cmほどで、葉は対生し、葉柄に翼があるのが特徴。

上唇には紫色の斑紋がある。

下唇が内転しキツネの顔のよう。

名前の由来
ハッカに似るが香りがないことから山と付け区別した。ハッカは漢名の薄荷（はくか）が転化したもの。

リンドウ
竜胆

別名：エヤミグサ
Gentiana scabra
リンドウ科　多年草
分布：本州、四国、九州
生育地：
山野、湿った草地
草丈：20〜80cm

やや湿った山野に生育する。茎の先に上向きに釣鐘形の花をつけるが、咲くのは晴天のときだけ。

花冠は5裂しほぼ水平に開く。

名前の由来　根が竜の胆のように苦いことから漢名の竜胆となり、転訛したもの。

霜が降りる頃まで咲き続ける。

　秋の七草にキキョウは入っていてもリンドウは入っていません。同じ青紫色系なので落選してしまったのでしょうか。キキョウをはじめ秋の七草の多くが夏から咲いていますが、リンドウはまさに秋に咲き、霜の降りる初冬近くまで咲く秋の代表的な花といえるでしょう。秋に咲くリンドウの仲間にはこの他にオヤマリンドウ、エゾリンドウなどがあり、春には小型のフデリンドウ、ハルリンドウなどがあります。

ヤマラッキョウ
山辣韮

別名：イワハゼ

Allium thunbergii

ヒガンバナ科　多年草

分布：本州、四国、九州、沖縄

生育地：山地の草原

草丈：20〜50cm

山地の草地や湿原に生育する。花は球状で花径は3〜4cm。地下には鱗茎がある。

名前の由来
山に生えるラッキョウの意。ラッキョウは漢名「辣韮」の音読み。

花茎が柔らかいのでやや俯く。

草丈は20〜50cmくらい。

　秋にやや湿った草原などで30〜50cmの花茎の先に、紅紫色の小さな花をややうつむいた放射状に咲かせます。その名のとおり地下にはラッキョウと同じような細く小さな鱗茎があり食べられますが、小さいのであまり利用されることはないようです。岩場や乾燥ぎみの場所で見かけることもありますが、本来湿った土地を好むようで、そんな場所では群生していることもあります。細く目立たないものの、花期には葉もあります。

325

マツムシソウ

松虫草

別名：スカビオサ　*Scabiosa japonica*
マツムシソウ科　越年草
分布：北海道、本州、四国、九州
生育地：山地の草原　草丈：50 〜 100㎝

秋の高原でこの花に出会うと、とても清々しい気分になります。その淡紫色の淡い花色と、細くスマートな草姿が秋風に揺れる様は、そこを訪れるクジャクチョウなどの虫たちの姿と共にいつまでも見あきることがありません。以前ハーブの撮影で南仏のプロヴァンス地方を訪れた折、岩山でこのマツムシソウを見つけ感激したことを思い出します。スカビオサの名で親しまれていました。また関東地方の海岸沿いにはソナレマツムシソウが自生します。

長い花茎の上に咲く花の直径は4〜6㎝。

草丈は 50〜100㎝、長くしなやかな花茎が高原の風に揺れる。

日当たりのよい山地の草原に自生する。淡紫色の美しい花で、日本の秋を代表する名花のひとつ。

名前の
由来　夏の終わり、マツムシ
が鳴く頃に咲く花の意。

ヤクシソウ
薬師草

別名：チチクサ

Lachuca denticulata

キク科　越年草

分布：日本全土

生育地：山地の林縁や道端

草丈：30 〜 120㎝

秋に山道を歩くと林縁の日だまりなどで黄色い小さな花をたくさんつけている姿に出会います。一つの花に見えるものは、他のキク科の花と同じようにたくさんの花からできていて、中心には花びらのない筒状花（とうじょうか）が10 〜 15個くらい、周辺には花びらのついた舌状花（ぜつじょうか）がやはり10 〜 15個くらいあります。この時期に黄色い花をつけるキク科の植物にはキオン、ハンゴンソウ、アキノキリンソウなどがありますが、どれも虫たちにとって大事な"レストラン"です。

葉の基部は後方に突き出て、茎を抱く。

日当たりのよい山地の草原や道端に生育する。花は上向きに多数つけるが、花が終わると下向きになる。

草丈は 30 〜 120㎝。初冬まで咲き続け小春日和の陽だまりによく似合う。

名前の由来　葉の形が薬師如来像の光背に似ていることによる。

イソギク

磯菊

別名：イワギク　*Chrysanthemum pacificum*
キク科　多年草
分布：本州
生育地：海岸の岩場
草丈：20〜40㎝

海岸の崖に多く自生する。キクの仲間だが、花は筒状花のみで花弁状の舌状花はない。

　秋も深まってきた頃に花びらのない筒状花のみが集まった7〜10㎜ほどの黄色い花をたくさんつけます。主に千葉県から静岡県、伊豆諸島の海岸に自生していますが、地下茎を伸ばして群生する性質や、裏と縁の白い葉の美しさから、庭や公園のグラウンドカバーとしても使われています。稀に筒状花のまわりに小さな白い舌状花のあるものを見かけますが、これは他のキクとの雑種でハナイソギクです。

名前の由来
海岸沿いの岩場や磯に生育するキクの花の意。

草丈は20〜40㎝、葉裏が白いので上から見ても葉の縁が白くて美しい。

花は筒状花のみ。

秋は実りの秋。
実や根を食べられるものが
増えてきます。夏の間の
強い日差しの恵みと
いえるでしょう。実や芋などは
満腹感も得られ、食欲の秋に
ふさわしい食材です。

菱（ひし）

2本の鋭い棘（とげ）に気をつけて採集しないと痛い目に遭います。しかし、塩茹でにした実の中身はクワイか栗のようでとても美味です。

犬莧（いぬびゆ）

近縁のヒユナは世界中で野菜として流通していますが、イヌビユもくせがなく、汁の実やおひたし、あえ物など、幅広く利用できます。

紅花襤褸菊（べにばなぼろぎく）

どこにでもあるうえ、シュンギクに似た香りが楽しめ、同様に使える便利な草です。秋から初冬にかけて鍋物の具にも最適でしょう。

菊芋（きくいも）

かつて大戦後の食糧難を救ってくれたキクイモですが、今は糖尿病によいとされる多糖類イヌリンを含む健康食として知られています。

山の芋（やまのいも）

自然薯としてそのうまさには定評がありますが、そのつるにできた珠芽（むかご）も美味です。油炒めに塩をふってもいけます。

葛（くず）

根は葛根湯やデンプンが有名ですが、簡単に利用するなら若芽か花でしょう。花は湯通しして三杯酢で食べると美味です。

雪の下（ゆきのした）

天ぷらで有名ですが、茹でてあえ物や汁の実にも利用できます。また、生の葉は揉んで貼れば火傷や腫れ物に効くといわれます。

セイタカアワダチソウ
背高泡立ち草

別名：セイタカアキノキリンソウ
Solidago altissima

キク科　多年草
分布：日本全土
生育地：野原、空き地、荒れ地
草丈：1～2.5m

北アメリカ原産の帰化植物。観賞用に移入されたが戦後急速に分布を全国に広げた。

　もともとは北アメリカ原産のセイタカアワダチソウは、戦後一気に日本で増えた植物の一つです。根から植物の生長を抑制する物質を出し、他の植物を駆逐しながら分布を広げてきたのですが、この物質は当の本人であるセイタカアワダチソウ自身の生長も抑えたようで、ここのところ一時よりもその大群落を見かける機会が減ったように思われます。

　自然には、一つの種だけが繁栄しすぎることのないような仕組みもしっかり備わっている一例といえるでしょう。

名前の由来　草丈が高いことからセイタカ、綿毛を泡に見立てて背高泡立ち草となった。

葉の表面には凹凸がある。

花期は 10 〜 11 月。

地面に葉を広げ、ロゼットで冬越しする。

草丈は 1 〜 2.5m。時に 3m を超えるものもある。

アキノノゲシ
秋の野芥子

Lactuca indica

キク科　2年草
分布：日本全土
生育地：田畑の周辺、空き地
草丈：60〜200cm

花はタンポポに似た舌状花で淡黄色で、日中だけ咲き夕方には閉じる。

名前の由来　花が春に咲くノゲシによく似ており、秋に咲くことから名づけられた。

ノゲシ（→p.41）は黄色いタンポポのような花ですが、このアキノノゲシは淡いクリーム色で野菜のレタスの花によく似ています。それもそのはずレタスやサラダ菜と同じ属なのです。レタスの収穫をしたことがある人なら、刈り取った根元の茎から牛乳のような白い液が出ているのを見たことがあるでしょう。アキノノゲシも切ると乳液が出ます。

花はレタスの花そっくり。

タンポポを小さくしたような綿毛。

大きい株は2mにも達する。花期は8〜11月。

アキノキリンソウ
秋の黄輪草

別名：アワダチソウ

Solidago virgaurea subsp. *asiatica*

キク科　多年草

分布：日本全土

生育地：山野、林縁

草丈：30〜80cm

　　別名をアワダチソウともいいますが、セイタカアワダチソウ（→p.332）やオオアワダチソウが北アメリカ原産の帰化植物であるのに対して、アキノキリンソウは日本の在来種です。草丈も30〜80cmで花のつきかたも控えめですが、花の一つひとつは舌状花の花弁も他種より太めではっきりした花です。秋の山野でこの黄色い花は派手ではないものの、とてもよく目立ちます。

名前の由来
秋に花が咲き、上から見た花序が黄色の輪に見えることから黄輪草となった。

花期は8〜11月。

花は筒状花と舌状花。

日本の秋を代表する植物。花がよく似ているセイタカアワダチソウは同属。

オオオナモミ
大雄生揉

別名：ヒッツキムシ

Xanthium occidentale

キク科　1年草
分布：日本全土
生育地：空き地、道端
草丈：50～90cm

楕円形の実にはたくさんの棘があり、衣服によくつく別名ひっつきむしの由来でもある。

　オナモミの仲間の実には、先が鉤状に曲がった棘がたくさんついていて、獣の毛や人の衣服によくくっつきます。こうして運ばれて分布を広げるわけです。

　オオオナモミとイガオナモミは帰化植物で、在来種はオナモミだけなのですが、近年あまり見かけなくなりました。イガオナモミは、海岸沿いの地方などに多いようです。

名前の由来
生の葉を揉んで傷口につけると痛みが取れることに由来する。実が一回り小さい在来種のオナモミ（雄生揉）と区別するためオオオナモミ（大雄生揉）となった。

葉の裏 　　　　　　 葉の表

実の長さは10〜15mm。

実はたくさんの棘をもっている。 　　　 草丈は50〜90cm。繁殖力が強い。

ススキ

薄

別名：オバナ

Miscanthus sinensis

イネ科　多年草

分布：日本全土

生育地：山野の草地、荒れ地

草丈：1〜2m

「幽霊の正体見たり枯れ尾花」の句のオバナや、茅葺き屋根の茅は呼び名は違いますが、みなススキのことをいっています。山や高原のものからいち早く穂を出して、秋の到来を知らせてくれます。花穂のときから熟して白っぽくなるまで、秋の陽を浴びたその穂は、常に趣深いものです。昔から豊作祈願に使われ、お月見にもススキがつきものです。

秋の七草の一つ。茅葺き屋根の材料として長く利用されてきた。

名前の由来　どんな場所でもすくすく立つ茎、スクスククキが転訛したのが名前の由来。

風になびく穂には秋の風情がある。

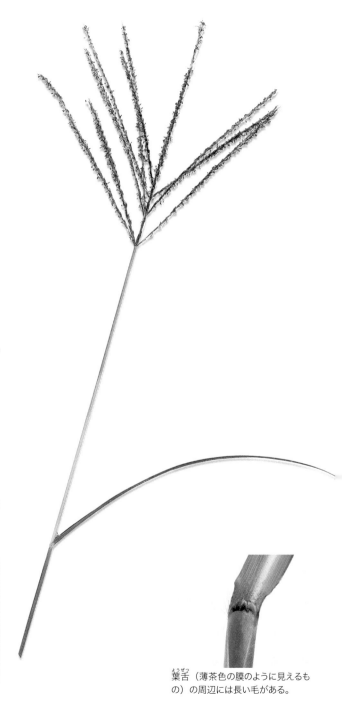

葉舌（薄茶色の膜のように見えるもの）の周辺には長い毛がある。

チカラシバ
力芝

別名：ミチシバ
Pennisetum alopecuroides
イネ科　多年草
分布：日本全土
生育地：野原、空き地
草丈：30〜80cm

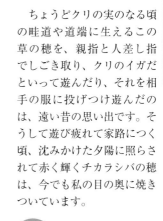

　ちょうどクリの実のなる頃の畦道や道端に生えるこの草の穂を、親指と人差し指でしごき取り、クリのイガだといって遊んだり、それを相手の服に投げつけ遊んだのは、遠い昔の思い出です。そうして遊び疲れて家路につく頃、沈みかけた夕陽に照らされて赤く輝くチカラシバの穂は、今でも私の目の奥に焼きついています。

名前の由来
力強く根を張り、引き抜くことが難しい芝草ということから力芝となった。

ブラシ状の大きな穂をつける。

花期は8〜11月。

大きな株となり、花茎は真っ直ぐに立つ。

コミカンソウ
小蜜柑草

別名：キツネノチャブクロ

Phyllanthus lepidocarpus

トウダイグサ科　1年草

分布：本州、四国、九州

生育地：道端、空き地

草丈：20〜50cm

トウダイグサ科の植物は、みな変わった花のつき方をしていますが、このコミカンソウもその例に洩れず、まるでオジギソウの葉のように見える横枝についた葉の付け根から花を咲かせ、やがてミカンを小さくしたような赤褐色の実をつけます。ふつう横枝の先の方に雄花が、付け根寄りに実が並ぶことになります。似た仲間にヒメミカンソウや、帰化植物のナガエコミカンソウがあります。

果実は色も形もミカンのようで、果実の中にはミカンの袋に似た種子もある。

名前の由来　赤く熟した果実には凹凸があり、小さなミカンを連想させることからこの呼び名になった。

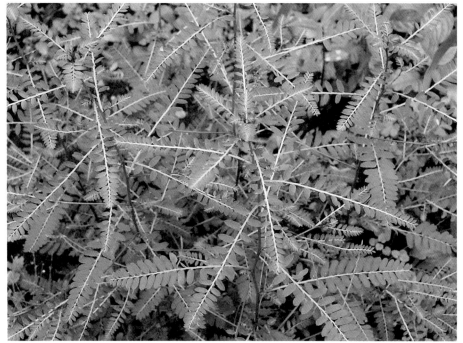

一枚一枚の葉の付け根に花がつく。花期は7〜10月。

雌花（左の2つ）と果実。

果実は葉の付け根につく。

ヨウシュヤマゴボウ

洋種山牛蒡

別名：アメリカヤマゴボウ
Phytolacca americana
ヤマゴボウ科　多年草
分布：日本全土
生育地：空き地、道端
草丈：1.5〜2.5m

ブドウに似た房状の実は熟すと赤紫色となり、一見食用となりそうだが有毒。

名前の由来
西洋からの帰化植物であること、また、根がヤマゴボウに似ていることから洋種山牛蒡（ヨウシュヤマゴボウ）となった。

　ヨウシュ（洋種）というからには和種もあってヤマゴボウと呼ばれますが、最近はヨウシュヤマゴボウの方が断然優勢なようです。ヨウシュヤマゴボウの花穂（かすい）は次第に垂れ下がりますが、ヤマゴボウのそれは直立です。また、ヤマゴボウ科の根は有毒なので注意が必要です。味噌漬けのヤマゴボウとして売られているものはモリアザミ（キク科のアザミ類の根）で、別種です。ヨウシュヤマゴボウの葉は秋に美しく紅葉します。

花期は6〜8月。

草丈は高く、1.5〜2.5m。

ヒヨドリジョウゴ
鵯上戸

別名：ツヅラゴ
Solanum lyratum
ナス科　多年草
分布：日本全土
生育地：林縁、道端、フェンス
草丈：つる性

全体に毛が多いつる性植物ですが、特に茎は腺毛や長い軟毛に覆われています。複雑に切れ込んだ葉も独特な形をしています。花は白が基本ですがたまに紫がかったものもあります。

赤くて艶のある実は美しく、ヒヨドリが好んで食べるのでこの名があるといいますが、残念ながら私は、まだヒヨドリがこの実を食べているのを見たことがありません。

名前の由来
ヒヨドリが実を好んで食べることからこの呼び名になった。上戸には好むという意味がある。

白花が基本だが紫花もある。

まだ緑色の若い果実。

イシミカワ

石見川

Persicaria perfoliata

タデ科　1年草
分布：日本全土
生育地：河原、
荒れ地、道端
草丈：1〜2m

秋に紫色に熟す果実は美しいが、つるにはたくさんの棘がある。

名前の由来　大阪の石見川流域で生育していたことから、地名を由来とする説が有力だが、はっきりしない。

　ママコノシリヌグイ（→p.168）に近い仲間で、茎や葉に下向きの棘があるところや三角形の葉などはよく似ていますが、イシミカワの特徴は、カラフルな果実がよく目立つことです。熟し加減で緑、紫、青などがかたまってついた様はちょっと異様ですが、きれいなものです。葉や茎の棘で他の植物に絡みつきながら、時には2m以上も伸び上がります。

カラフルな果実と茎や葉柄の下向きの棘が特徴的。

果実は目立つが花は目立たない。花期は7〜10月。

スズメウリ
雀瓜

Melothria japonica
ウリ科　1年草
分布：本州・四国・九州
生育地：林縁、藪
草丈：つる性

カラスウリの仲間は夜に花が咲くが、スズメウリは日中に咲く。

　カラスウリ（→ p.346）に対してスズメウリ。確かに大きさとしてはいい対比だと思います。カラスウリの果実は熟すにしたがって緑〜橙〜赤と変化していきますが、スズメウリは緑から白へと変わります。林縁や水辺などに生えて、他の草や木に絡んでいますが小さめなので目立ちません。カラスウリと違って雌雄同株なので、1株見つければ雄花と雌花の両方が見られるはずです。花期は8〜9月。

雌花の下部には子房がある。

名前の由来　果実がスズメのように小さく、また、形がウリに似ていることからこの呼び名になった。

葉が枯れ落ち、白く熟した果実。

345

カラスウリ
烏瓜

別名：タマズサ
Trichosanthes cucumeroides
ウリ科　つる性多年草
分布：本州、四国、九州
生育地：林縁、藪、フェンス
草丈：つる性

花は白いレース状で不思議な存在感がある。雄花と雌花がある。

　秋に赤い実をつけたカラス
ウリはよく目立ちますが、夏
の夜に咲く白いその花を見
たことがあるでしょうか。夜、
暗くなってから開花して、朝、
明るくなる頃にはしぼんでし
まうので、なかなか見る機会
はありませんが、レースのよ
うな白い糸状の花弁を広げた
様は、とても神秘的なもので
す。そして、夜のうちにこの
花を訪れるスズメガの仲間に
よって受粉し、実ができます。

名前の由来　実の形が瓜に似ている
こと、また、食用にならず種
の色がカラスのように黒いこ
とによる。

実は卵形で熟すと縞模様が消え、オレンジ色から朱色に変わる。

花期は7〜9月。（雄花）

花は日没後に開く。（雌花）

雌雄異株で雌株は雌花だけをつけ、雄株は雄花だけをつける。

347

キカラスウリ
黄烏瓜

Thichosanthes kirilowii var. *japonica*

ウリ科　多年草
分布：日本全土
生育地：林縁、道端、フェンス
草丈：つる性

果実の大きさはニワトリの卵ほどで、果肉には甘みがある。

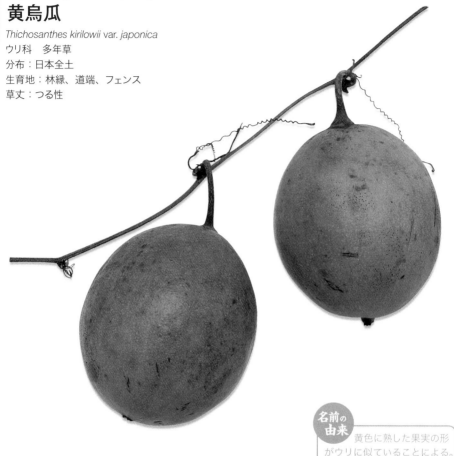

名前の由来　黄色に熟した果実の形がウリに似ていることによる。また、黒い種をカラスに見立ててこの呼び名になった。

　花も実もカラスウリ（→ p.346）によく似ていますが、ちょっと太りぎみで、その名のとおり実は赤ではなく黄色く熟します。薬草としても有名で根や種子を薬用にしますが、なかでも根のでんぷんからつくった天瓜粉はあせもの予防や治療に使われることがよく知られていますし、種子は咳や痰の薬として利用されます。以前撮影のため同じ株でいくら探しても雌花が見つからないことがありました。雌雄異株なのを知らなかったのです。

カラスウリ（左）と比べると丸く大きいのが分かる。

花期は 7 〜 9 月。

果実の幅はほぼマッチ棒と同じ。

カラスウリの花に似るが、やや黄緑色がかり繊細さに欠ける。

349

おわりに

　雑草というと、勝手に生えてきて、役にも立たない名前も知らぬ草、山野草というと反対に花や姿がきれいで観賞価値のある山野の草、といったイメージで使われることが多いのではないでしょうか。どちらも人間の主観が反映された言葉のように思われます。

　しかし、雑草と呼ばれる草にも、よく見ると花は小さくとも、えもいわれぬ可憐さや清楚な美しさを持ったもの、美味しく食べられるものや、昔から薬として使われていたもの、外国から入ってきたものなど、とても興味深い植物が多いものです。

　この本をめくりながら実際に自分の目や鼻で確かめていただけたら幸いです。そして身近な草から山野の草まで、その面白さ、素晴らしさに気づいたなら、きっと雑草や山野草という分け隔てなく草花あるいは野草として見ている自分に気づくことでしょう。

　本書が野草への興味の入り口になってくれることを願っています。

2024 年 2 月

亀田龍吉

植物の用語解説

あ

1年草（いちねんそう）
1年の間に、種子などから芽を出し、生長して花が咲き、種子ができると枯れる植物。

液果（えきか）
果皮の一部が多肉質または多汁質になっている果実。イヌホオズキ（→p.288）などに見られる。

越年草（えつねんそう）
秋に発芽して冬を越し、翌年に開花・結実する植物。越年草も1年草に含まれる。

円錐花序（えんすいかじょ）
主軸の周りに総状花序が何度も分枝し、全体が円錐形になるもの。セイタカアワダチソウ（→p.332）などに見られる。

か

塊茎（かいけい）
地下茎の一部が肥大生長し、でんぷんなどの養分を貯えて塊状となったもの。キクイモ（→p.312）などに見られる。

花冠（かかん）
花弁（花びら）の集まりのこと。

花茎（かけい）
地下茎から直接出て、花だけをつける茎。

果実（かじつ）
花で受粉が行われた後、子房がふくらんだもの。中に種子が入っている。

花序（かじょ）
①茎についた花の並び方のこと。②花をつけた茎または枝の花の部分。

花穂（かすい）
穂のような形に群がって咲く花。穂状花序。

花柄（かへい）
茎や花軸から枝分かれして花に至るまでの、柄の部分を指す言葉。

冠毛（かんもう）
一般的には綿毛と呼ばれるもの。タンポポなどの果実の上端に生じる毛状の突起で、がくが変形したもの。風を受けて飛び、種子を散布するのに役立つ。

帰化植物（きかしょくぶつ）
外国原産の植物で、牧草用や観賞用として輸入されたものが野生化して、各地に広まっていったもの。

基部（きぶ）
葉や茎などの付け根の部分。

球茎（きゅうけい）
地下茎にでんぷんなどの養分を蓄え、球形に肥大したもの。サトイモなどに見られる。

距（きょ）
花弁の後ろ、またはがくの外側に袋状に突き出た部分。袋の部分に蜜をためて虫を呼ぶ。ツリフネソウ（→p.272）などに見られる。

合弁花（ごうべんか）
花弁（花びら）がつながっている植物。

互生（ごせい）
茎のひとつの節に1枚ずつ葉がつく。

根茎（こんけい）
横に這い、一見して根のように見える茎。ユキノシタ（→p.125）などに見られる。

根生葉（こんせいよう）
根葉、根出葉とも。地上茎の基部についた葉のことで、地中の根から葉が生じているように見える。

さ

在来種（ざいらいしゅ）
日本に古来、生育している植物。⇔帰化植物

朔果（さくか）
果皮が乾燥して、基部から上に向って裂け、種子を散布する果実。アサガオなど。

散房状花序（さんぼうじょうかじょ）
散形花序とも。花軸につく花柄が、下ほど長く上は短いため、半球形に見える。ナズナ（→p.20）などに見られる。

子房（しぼう）
雌しべの基部のふくらんだ部分。中にはその後、種子になる胚珠が入っている。子房の部分はその後、果実になる。

雌雄異株（しゆういしゅ）
植物で、雌花がつく株と雄花がつく株が別々の個体なこと。同一個体につく場合は、「雌雄同株」という。

穂状花序（すいじょうかじょ）
花軸が長く、その上に花柄のない花が穂になって並ぶ。フッキソウ（→p.80）などに見られる。

舌状花（ぜつじょうか）
下は筒状で上の一部が舌状に伸びている花。セイヨウタンポポ（→p.42）のようにキク科の植物に見られる。

腺毛（せんもう）
先端が球状に膨らみ、その中に分泌物を含むもの。

痩果（そうか）
果皮が乾燥して1個の種子を包んでいる状態の果実。外見上は1個の種子に見えるが、実際は1個の種子を含む果実。タンポポなど。

総状花序（そうじょうかじょ）
1本の軸から、柄のある小花が多数つく花の付き方。付け根から先、または周りから中心部へ咲いていく。ナヨクサフジ（→p.118）などに見られる。

総苞（そうほう）
花序の下にあり、多数の苞が集まったもの。苞とは花の根元につく小形の葉。

た

袋果（たいか）
袋状の皮に包まれ、合わせ目に沿って裂ける果実。ガガイモ（→p.218）などに見られる。

対生（たいせい）
2枚の葉が、茎に対になってつく。

托葉（たくよう）
葉の基部（根元）にできる付属物。

多年草（たねんそう）
地下茎や根が数年間にわたって生き、毎年花や実をつける植物のこと。

地下茎（ちかけい）
地下にある茎のこと。形状から「根茎」「塊茎」「球茎」「鱗茎」などに分けられる。

蝶形花（ちょうけいか）
左右相称で蝶の形に似た花。大部分のマメ科植物の花に見られる。

筒状花（つつじょうか）
花弁が筒状になっている花。管状花ともいう。

キク科の植物に見られる。

豆果（とうか）
マメ科に見られる果実。皮の合わせ目で両側から裂ける。莢果ともよばれる。

頭状花序（とうじょうかじょ）
花軸が円盤状に広がり、その上に花柄のない花がたくさんつく。キク科の植物に見られる。

は

分球（ぶんきゅう）
球根が分かれて増えること。

苞（ほう）
花を保護するために包む葉のようなもの。苞が花や花序の基部につく場合、特に「総苞」と呼ばれる。

ま

木本（もくほん）
木質の茎がある植物。⇔草本植物

や

葉柄（ようへい）
葉を支える柄の部分。

ら

ランナー
匍匐茎、匍匐枝ともいう。親株から出た茎が地面を這うように長く伸び、先端の芽や根が子株になったもの。

離弁花（りべんか）
花弁（花びら）が独立している植物。⇔合弁花

両性花（りょうせいか）
一つの花に雄しべと雌しべをもつ花。⇔単性花

鱗茎（りんけい）
養分をたくわえて厚くなった葉が茎のまわりに多数重なって球状になっているもの。タマネギなど。園芸でいう球根と同じ。

輪生（りんせい）
3枚以上の葉が、1つの茎の節ごとにつく。

ロゼット
根生葉が、地面に張りつくように葉を放射状に広げた状態。

花色別さくいん

※本書の写真をおおまかに花色別に分けて紹介しています。
実際の花の色は個体や生育場所によって幅があります。

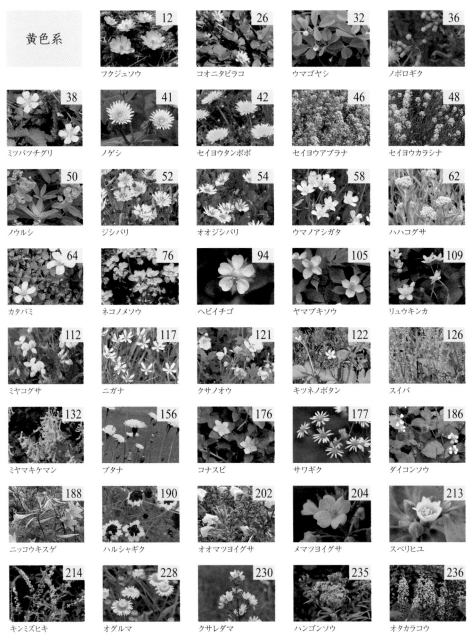

黄色系

12 フクジュソウ	26 コオニタビラコ	32 ウマゴヤシ	36 ノボロギク
38 ミツバツチグリ	41 ノゲシ	42 セイヨウタンポポ	46 セイヨウアブラナ	48 セイヨウカラシナ
50 ノウルシ	52 ジシバリ	54 オオジシバリ	58 ウマノアシガタ	62 ハハコグサ
64 カタバミ	76 ネコノメソウ	94 ヘビイチゴ	105 ヤマブキソウ	109 リュウキンカ
112 ミヤコグサ	117 ニガナ	121 クサノオウ	122 キツネノボタン	126 スイバ
132 ミヤマキケマン	156 ブタナ	176 コナスビ	177 サワギク	186 ダイコンソウ
188 ニッコウキスゲ	190 ハルシャギク	202 オオマツヨイグサ	204 メマツヨイグサ	213 スベリヒユ
214 キンミズヒキ	228 オグルマ	230 クサレダマ	235 ハンゴンソウ	236 オタカラコウ

254 アメリカセンダングサ	256 オミナエシ	270 ヤブツルアズキ	312 キクイモ	328 ヤクシソウ
330 イソギク	232 セイタカアワダチソウ	334 アキノノゲシ	335 アキノキリンソウ	
赤〜オレンジ色系	44 ナガミヒナゲシ	191 ヒメヒオウギズイセン	212 ヤブカンゾウ	242 フシグロセンノウ
262 クサコアカソ	269 キツネノカミソリ	306 ヒガンバナ	308 ミズヒキ	
ピンク〜赤〜紫色系	14 カタクリ	24 レンゲソウ	28 ホトケノザ	35 ヒメオドリコソウ
56 カラスノエンドウ	66 イモカタバミ	68 ショカツサイ	71 ハマダイコン	72 イカリソウ
84 サクラソウ	88 ムラサキケマン	90 ハルジオン	98 アメリカフウロ	110 クワガタソウ
114 シロバナマンテマ	116 キツネアザミ	118 ナヨクサフジ	120 ヒルザキツキミソウ	126 スイバ
127 ノビル	131 クマガイソウ	142 ニワゼキショウ	147 オオバコ	148 ムシトリナデシコ

150 ノアザミ	152 ネジバナ	166 ユウゲショウ	168 ママコノシリヌグイ	182 ホタルブクロ
183 ヤマホタルブクロ	187 ヤナギラン	196 ゲンノショウコ	200 ヒルガオ	201 コヒルガオ
218 ガガイモ	221 ミソハギ	224 ヒメツルソバ	231 チダケサシ	232 コバギボウシ
233 イヌゴマ	238 ハクサンフウロ	246 カワラナデシコ	247 シャジクソウ	248 ミゾカクシ
252 ツルマメ	255 アキノウナギツカミ	272 ツリフネソウ	274 トネアザミ	277 フジバカマ
280 ホトトギス	286 ヤハズソウ	290 キツネノマゴ	292 イヌタデ	294 ヌスビトハギ
296 ワレモコウ	297 ミゾソバ	301 クズ	309 ツルボ	
青〜紫色系	16 キクザキイチゲ	18 オオイヌノフグリ	27 タチツボスミレ	29 キランソウ
55 カキドオシ	69 トキワハゼ	70 ワスレナグサ	75 フデリンドウ	89 ムラサキサギゴケ

104 ヤマエンゴサク	108 ラショウモンカズラ	138 クサフジ	140 タツナミソウ	141 アヤメ
153 キキョウソウ	169 ウツボグサ	170 ムラサキツユクサ	184 ヤマオダマキ	192 アレチハナガサ
194 ツユクサ	240 ツルフジバカマ	244 キキョウ	276 フジアザミ	314 ヨメナ
316 ノコンギク	319 ツリガネニンジン	320 ヤマトリカブト	321 サワギキョウ	322 ヤマハッカ
324 リンドウ	325 ヤマラッキョウ	326 マツムシソウ		

白色系

13 ハナニラ	17 セントウソウ	20 ナズナ	22 フキ	
23 タネツケバナ	40 ツメクサ	59 ハコベ	60 グンバイナズナ	63 スズメノエンドウ
74 ジュウニヒトエ	78 ワサビ	80 フッキソウ	86 ヒメウズ	90 ハルジオン
92 シロツメクサ	100 オランダガラシ	102 スズラン	106 チゴユリ	107 ツルカノコソウ

115 ミミナグサ	124 ニリンソウ	125 ユキノシタ	128 セリ	130 ヤマシャクヤク
133 ミズバショウ	134 シャク	136 オドリコソウ	144 ハナウド	146 ヤエムグラ
149 ヤブジラミ	154 ヒメジョオン	157 ハキダメギク	165 ドクダミ	172 タケニグサ
174 ワルナスビ	178 ヤマブキショウマ	180 オカトラノオ	196 ゲンノショウコ	198 セイヨウヒルガオ
205 ヘクソカズラ	215 ザクロソウ	216 ヤマノイモ	220 ジャノヒゲ	234 ヤマハハコ
237 シシウド	241 センニンソウ	248 ミゾカクシ	250 イタドリ	258 オトコエシ
260 アキカラマツ	264 ダイモンジソウ	266 サラシナショウマ	268 ウメバチソウ	278 シラネセンキュウ
288 イヌホオズキ	298 アカネ	318 センブリ	340 コミカンソウ	342 ヨウシュヤマゴボウ
343 ヒヨドリジョウゴ	345 スズメウリ	346 カラスウリ	348 キカラスウリ	

黄緑～緑色系

30 スギナ

51 トウダイグサ

81 エンレイソウ

82 アマドコロ

96 マムシグサ

99 ウラシマソウ

158 カモジグサ

159 カラスムギ

162 ギシギシ

164 イヌビユ

195 コニシキソウ

206 ヤブガラシ

208 エノコログサ

210 オヒシバ

211 メヒシバ

219 ホソアオゲイトウ

226 ブタクサ

253 カラムシ

282 チヂミザサ

285 カナムグラ

302 イノコズチ

305 シロザ

310 ジュズダマ

336 オオオナモミ

344 イシミカワ

褐色～緑色系

34 スズメノテッポウ

79 ハシリドコロ

160 チガヤ

222 カヤツリグサ

223 ガマ

284 エノキグサ

300 カゼクサ

304 ヨモギ

338 ススキ

339 チカラシバ

359

決定版

四季の散歩が楽しくなる

雑草・山野草の呼び名事典

発行日　2024年3月20日　初版第1刷発行

著　者：亀田龍吉
発行者：竹間　勉
発　行：株式会社世界文化ブックス
発行・発売：株式会社世界文化社
〒102-8195 東京都千代田区九段北 4-2-29
電話 03-3262-6632（編集部）
　　　 03-3262-5115（販売部）
印刷・製本：中央精版印刷株式会社

＊本書は、「雑草の呼び名事典」（2012年刊）、「雑草の呼び名事典 散歩編」（2013年刊）、「山野草の呼び名事典」（2015年刊）の内容を再構成して編集したものです。